中外哲學典籍大全

總主編　李鐵映　王偉光

中國哲學典籍卷

經部孝經類

宋元孝經學五種

古文孝經指解　〔唐〕玄宗皇帝 注　〔宋〕司馬光 指解　范祖禹 說

孝經刊誤 附語類孝經　〔宋〕朱熹 編

孝經大義　〔元〕董鼎 注

孝經定本　〔元〕吳澄 撰

孝經句解　〔元〕朱申 注

曾海軍 點校

中國社會科學出版社

圖書在版編目（CIP）數據

宋元孝經學五種／曾海軍點校．—北京：中國社會科學出版社，2020.9
（中外哲學典籍大全．中國哲學典籍卷）
ISBN 978－7－5203－5031－0

Ⅰ．①宋…　Ⅱ．①曾…　Ⅲ．①家庭道德—中國—古代②《孝經》—研究　Ⅳ．①B823.1

中國版本圖書館 CIP 數據核字（2019）第 190720 號

出 版 人　趙劍英
項目統籌　王　茵
責任編輯　郝玉明
責任校對　張　潛
責任印製　王　超

出　　版　中國社會科學出版社
社　　址　北京鼓樓西大街甲 158 號
郵　　編　100720
網　　址　http://www.csspw.cn
發 行 部　010－84083685
門 市 部　010－84029450
經　　銷　新華書店及其他書店

印　　刷　北京君昇印刷有限公司
裝　　訂　廊坊市廣陽區廣增裝訂廠
版　　次　2020 年 9 月第 1 版
印　　次　2020 年 9 月第 1 次印刷

開　　本　710×1000　1/16
印　　張　11
字　　數　131 千字
定　　價　39.00 元

凡購買中國社會科學出版社圖書，如有質量問題請與本社營銷中心聯繫調換
電話：010－84083683

中外哲學典籍大全

總主編　李鐵映　王偉光

顧　問（按姓氏拼音排序）

陳筠泉　陳先達　陳晏清　黄心川　李景源　樓宇烈　汝　信　王樹人　邢賁思
楊春貴　曾繁仁　張家龍　張立文　張世英

學術委員會

主　任　王京清

委　員（按姓氏拼音排序）

陳　來　陳少明　陳學明　崔建民　豐子義　馮顔利　傅有德　郭齊勇　郭　湛
韓慶祥　韓　震　江　怡　李存山　李景林　劉大椿　馬　援　倪梁康　歐陽康
龐元正　曲永義　任　平　尚　杰　孫正聿　萬俊人　王　博　汪　暉　王柯平
王　鐳　王立勝　王南湜　謝地坤　徐俊忠　楊　耕　張汝倫　張一兵　張志强
張志偉　趙敦華　趙劍英　趙汀陽

「中國哲學典籍卷」
學術委員會

主　任　陳　來　趙汀陽　謝地坤　李存山　王　博

委　員（按姓氏拼音排序）

白　奚　陳壁生　陳　静　陳立勝　陳少明　陳衛平　陳　霞　丁四新　馮顔利
干春松　郭齊勇　郭曉東　景海峰　李景林　李四龍　劉成有　劉　豐　王中江
王立勝　吴　飛　吴根友　吴　震　向世陵　楊國榮　楊立華　張學智　張志强
鄭　開

項目負責人　張志强

提要撰稿主持人　劉　豐　趙金剛

提要英譯主持人　陳　霞

中外哲學典籍大全

總序

中外哲學典籍大全的編纂，是一項既有時代價值又有歷史意義的重大工程。

中華民族經過了近一百八十年的艱苦奮鬥，迎來了中國近代以來最好的發展時期，迎來了奮力實現中華民族偉大復興的時期。中華民族衹有總結古今中外的一切思想成就，才能並肩世界歷史發展的大勢。爲此，我們須編纂一部匯集中外古今哲學典籍的經典集成，爲中華民族的偉大復興、爲人類命運共同體的建設、爲人類社會的進步，提供哲學思想的精粹。

哲學是思想的花朵，文明的靈魂，精神的王冠。一個國家、民族，要興旺發達，擁有光明的未來，就必須擁有精深的理論思維，擁有自己的哲學。哲學是推動社會變革和發展的理論力量，是激發人的精神砥石。哲學解放思維，净化心靈，照亮前行的道路。偉大的時代需要精邃的哲學。

一　哲學是智慧之學

哲學是什麽？這既是一個古老的問題，又是哲學永恒的話題。追問哲學是什麽，本身就是「哲學」問題。從哲學成爲思維的那一天起，哲學家們就在不停追問中發展、豐富哲學的篇章，給出一個又一個答案。每個時代的哲學家對這個問題都有自己的詮釋。哲學是什麽，是懸疑在人類智慧面前的永恒之問，這正是哲學之爲哲學的基本特點。

哲學是全部世界的觀念形態，精神本質。人類面臨的共同問題，是哲學研究的根本對象。本體論、認識論、世界觀、人生觀、價值觀、實踐論、方法論等，仍是哲學的基本問題和生命力所在！哲學研究的是世界萬物的根本性、本質性問題。人們可以給哲學做出許多具體定義，但我們可以嘗試用「遮詮」的方式描述哲學的一些特點，從而使人們加深對何爲哲學的認識。

哲學不是玄虛之觀。哲學來自人類實踐，關乎人生。哲學對現實存在的一切追根究底、「打破砂鍋問到底」。它不僅是問「是什麽」（being），而且主要是追問「爲什麽」（why），特別是追問「爲什麽的爲什麽」。它關注整個宇宙，關注整個人類的命運，關注人生。它關心柴米油鹽醬醋茶和人的生命的關係，關心人工智能對人類社會的挑戰。哲學是對一切實踐經驗的理論升華，它關心具體現象背後的根據，關心人類如何會更好。

哲學是在根本層面上追問自然、社會和人本身，以徹底的態度反思已有的觀念和認識，從價值理想出發把握生活的目標和歷史的趨勢，展示了人類理性思維的高度，凝結了民族進步的智慧，寄託了人們熱愛光明、追求真善美的情懷。道不遠人，人能弘道。哲學是把握世界、洞悉未來的學問，是思想解放、自由的大門！

古希臘的哲學家們被稱爲「望天者」，亞里士多德在《形而上學》一书中說，「最初人們通過好奇—驚讚來做哲學」。如果說知識源於好奇的話，那麽產生哲學的好奇心，必須是大好奇心。這種「大好奇心」祇爲一件「大事因緣」而來，所謂大事，就是天地之間一切事物的「爲什麽」。哲學精神，是「家事、國事、天下事，事事要問」，是一種永遠追問的精神。

哲學不祇是思維。哲學將思維本身作爲自己的研究對象，對思想本身進行反思。哲學不是一般的知識體系，而是把知識概念作爲研究的對象，追問「什麼才是知識的真正來源和根據」。哲學的「非對象性」的思想方式，不是「純形式」的推論原則，而有其「非對象性」之對象。哲學之對象乃是不斷追求真理，是一個理論與實踐兼而有之的過程，是認識的精粹。哲學追求真理的過程本身就顯現了哲學的本質。天地之浩瀚，變化之奥妙，正是哲思的玄妙之處。

哲學不是宣示絶對性的教義教條，哲學反對一切形式的絶對。哲學解放束縛，意味著從一切思想教條中解放人類自身。哲學給了我們徹底反思過去的思想自由，給了我們深刻洞察未來的思想能力。哲學就是解放之學，是聖火和利劍。

哲學不是一般的知識。哲學追求「大智慧」。佛教講「轉識成智」，識與智相當於知識與哲學的關係。一般知識是依據於具體認識對象而來的、有所依有所待的「識」，而哲學則是超越於具體對象之上的「智」。

公元前六世紀，中國的老子說，「大方無隅，大器晚成，大音希聲，大象無形，道隱無名。夫唯道，善貸且成」。又說，「反者道之動，弱者道之用。天下萬物生於有，有生於無」。對道的追求就是對有之爲有、無形無名的探究，就是對天地何以如此的探究。這種追求，使得哲學具有了天地之大用，具有了超越有形有名之有限經驗的大智慧。這種大智慧、大用途，超越一切限制的籬笆，達到趨向無限的解放能力。

哲學不是經驗科學，但又與經驗有聯繫。哲學從其作爲學問誕生起，就包含於科學形態之中，是以科學形態出現的。哲學是以理性的方式、概念的方式、論证的方式來思考宇宙人生的根本問題。在亞里士多德那裏，凡是研究實體（ousia）的學問，都叫作「哲學」。而「第一實體」則是存在者中的「第一個」。研究第一實體的學問稱爲「神學」，也就是「形而上學」，這正是後世所謂「哲學」。一般意義上的科學正是從「哲學」最初的意義上贏得自己最原初的規定性的。哲學雖然不是經驗科學，却爲科學劃定了意義的範圍、指明了方向。哲學最後必定指向宇宙人生的根本問題，大科學家的工作在深層意義上總是具有哲學的意味，牛頓和愛因斯坦就是這樣的典範。

哲學不是自然科學，也不是文學藝術，但在自然科學的前頭，哲學的道路展現了；在文學藝術的山頂，哲學的天梯出現了。哲學不斷地激發人的探索和創造精神，使人在認識世界的過程中，不斷達到新境界，在改造世界中從必然王國到達自由王國。

哲學不斷從最根本的問題再次出發。哲學史在一定意義上就是不斷重構新的世界觀、認識人類自身的歷史。哲學的歷史呈現，正是對哲學的創造本性的最好説明。哲學史上每一位哲學家對根本問題的思考，都在爲哲學添加新思維、新向度，猶如爲天籟山上不斷增添一隻隻黄鸝翠鳥。

如果説哲學是哲學史的連續展現中所具有的統一性特徵，那麼這種「一」是在「多」個哲學的創造中實現的。如果説每一種哲學體系都追求一種體系性的「一」的話，那麼每種「一」的體系之間都存在着千絲相聯、多方組合的關係。這正是哲學史昭示於我們的哲學多樣性的意義。多樣性與統一性的依存關係，正是哲學尋求現象與本質、具體與普遍相統一的辯證之意義。

哲學的追求是人類精神的自然趨向，是精神自由的花朵。哲學是思想的自由，是自由的思想。

中國哲學，是中華民族五千年文明傳統中，最爲内在的、最爲深刻的、最爲持久的精神追求和價值觀表達。中國哲學已經化爲中國人的思維方式、生活態度、道德準則、人生追求、精神境界。中國人的科學技術、倫理道德，小家大國、中醫藥學、詩歌文學、繪畫書法、武術拳法、鄉規民俗，乃至日常生活也都浸潤着中國哲學的精神。華夏文化雖歷經磨難而能够透魄醒神，堅韌屹立，正是來自於中國哲學深邃的思維和創造力。

先秦時代，老子、孔子、莊子、孫子、韓非子等諸子之間的百家争鳴，就是哲學精神在中國的展現，是中國人思想解放的第一次大爆發。兩漢四百多年的思想和制度，是諸子百家思想在争鳴過程中大整合的結果。魏晋之際，玄學的發生，則是儒道冲破各自藩籬，彼此互動互補的結果，形成了儒家獨尊的態勢。隋唐三百年，佛教深入中國文化，又一次帶來了思想的大融合和大解放，禪宗的形成就是這一融合和解放的結果。兩宋三百多年，中國哲學迎來了第三次大解放。儒釋道三教之間的互潤互持日趨深入，朱熹的理學和陸象山的心學，就是這一思想潮流的哲學結晶。

與古希臘哲學强調沉思和理論建構不同，中國哲學的旨趣在於實踐人文關懷，它更關注實踐的義理性意義。中國哲學當中，知與行從未分離，中國哲學有着深厚的實踐觀點和生活觀點，倫理道德觀是中國人的貢獻。馬克思説，「全部社會生活在本質上是實踐的」，實踐的觀點、生活的觀點也正是馬克思主義認識論的基本觀點。這種哲學上的契合性，正是馬克思主義能够在中國扎根並不斷中國化的哲學原因。

「實事求是」是中國的一句古話。今天已成爲深遂的哲理，成爲中國人的思維方式和行爲基準。實事求是就是解放思想，解放思想就是實事求是。實事求是毛澤東思想的精髓，是改革開放的基石。只有解放思想才能實事求是。實事求是就是中國人始終堅持的哲學思想。實事求是就是依靠自己，走自己的道路，反對一切絶對觀念。所謂中國化就是一切從中國實際出發，一切理論必須符合中國實際。

二　哲學的多樣性

實踐是人的存在形式，是哲學之母。實踐是思維的動力、源泉、價值、標準。人們認識世界、探索規律的根本目的是改造世界，完善自己。哲學問題的提出和回答，都離不開實踐。馬克思有句名言：「哲學家們只是用不同的方式解釋世界，而問題在於改變世界！」理論只有成爲人的精神智慧，才能成爲改變世界的力量。

哲學關心人類命運。時代的哲學，必定關心時代的命運。對時代命運的關心就是對人類實踐和命運的關心。人在實踐中産生的一切都具有現實性。哲學的實踐性必定帶來哲學的現實性。哲學的現實性就是强調人在不斷回答實踐中各種問題時應該具有的態度。

哲學作爲一門科學是現實的。哲學是一門回答並解釋現實的學問，哲學是人們聯繫實際、面對現實的思想。可以説哲學是現實的最本質的理論，也是本質的最現實的理論。哲學始終追問現實的發展和變化。哲學存在於實踐中，也必定在現實中發展。哲學的現實性要求我們直面實踐本身。

哲學不是簡單跟在實踐後面，成爲當下實踐的「奴僕」，而是以特有的深邃方式，關注着實踐的發展，提升人的實踐水平，爲社會實踐提供理論支撑。從直接的、急功近利的要求出發來理解和從事哲學，無異於向哲學提出它本身不可能完成的任務。哲學是深沉的反思，厚重的智慧，事物的抽象，理論的把握。哲學是人類把握世界最深邃的理論思維。

哲學是立足人的學問，是人用於理解世界、把握世界、改造世界的智慧之學。「民之所好，好之，民之所惠，惠之。」哲學的目的是爲了人。用哲學理解外在的世界，理解人本身，也是爲了用哲學改造世界、改造人。哲學研究無禁區，無終無界，與宇宙同在，與人類同在。

存在是多樣的，發展是多樣的，這是客觀世界的必然。宇宙萬物本身是多樣的存在，多樣的變化。歷史表明，每一民族的文化都有其獨特的價值。文化的多樣性是自然律，是動力，是生命力。各民族文化之間的相互借鑒，補充浸染，共同推動著人類社會的發展和繁榮，這是規律。對象的多樣性、複雜性，決定了哲學的多樣性；即使對同一事物，人們也會産生不同的哲學認識，形成不同的哲學派别。哲學觀點、思潮、流派及其表現形式上的區别，來自於哲學的時代性、地域性和民族性的差异。世界哲學是不同民族的哲學的薈萃，如中國哲學、西方哲學、阿拉伯哲學等。多樣性構成了世界，百花齊放形成了花園。不同的民族會有不同風格的哲學。恰恰是哲學的民族性，使不同的哲學都可以在世界舞臺上演繹出各種「戲劇」。即使有類似的哲學觀點，在實踐中的表達和運用也會各有特色。

人類的實踐是多方面的，具有多樣性、發展性，大體可以分爲：改造自然界的實踐，改造人類社會的實踐，完善人本身的實踐，提升人的精神世界的精神活動。人是實踐中的人，實踐是人的生命的第一屬性。實踐的社會性决定了哲學的社會性，哲學不是脱離社會現實生活的某種遐想，而是社會現實生活的觀念形態，是文明進步的重要標誌，是人的發展水平的重要維度。哲學的發展狀况，反映着一個社會人的理性成熟程度，反映著這個社會的文明程度。

哲學史實質上是自然史、社會史、人的發展史和人類思維史的總結和概括。自然界是多樣的，社會是多樣的，人類思維是多樣的。所謂哲學的多樣性，就是哲學基本觀念、理論學説、方法的異同，是哲學思維方式上的多姿多彩。哲學的多樣性是哲學的常態，是哲學進步、發展和繁榮的標誌。哲學是人的哲學，哲學是人對事物的自覺，是人對外界和自我認識的學問，也是人把握世界和自我的學問。哲學的多樣性，是哲學的常態和必然，是哲學發展和繁榮的内在動力。一般是普遍性，特色也是普遍性。從單一性到多樣性，從簡單性到複雜性，是哲學思維的一大變革。用一種哲學話語和方法否定另一種哲學話語和方法，這本身就不是哲學的態度。

多樣性並不否定共同性、統一性、普遍性。物質和精神，存在和意識，一切事物都是在運動、變化中的，是哲學的基本問題，也是我們的基本哲學觀點！

當今的世界如此紛繁複雜，哲學多樣性就是世界多樣性的反映。哲學是以觀念形態表現出的現實世界。哲學的多樣性，就是文明多樣性和人類歷史發展多樣性的表達。多樣性是宇宙之道。

哲學的實踐性、多樣性，還體現在哲學的時代性上。哲學總是特定時代精神的精華，是一定歷史條件下人的反思活動的理論形態。在不同的時代，哲學具有不同的内容和形式，哲學的多樣性，也是歷史時代多樣性的表達。哲學的多樣性也會讓我們能够更科學地理解不同歷史時代，更爲内在地理解歷史發展的道理。多樣性是歷史之道。

哲學之所以能發揮解放思想的作用，在於它始終關注實踐，關注現實的發展；在於它始終關注著科學技術的進步。哲學本身没有絶對空間，没有自在的世界，只能是客觀世界的映象，觀念形態。没有了現實性，哲學就遠離人，就離開了存在。哲學的實踐性，説到底是在説明哲學本質上是人的哲學，是人的思維，是爲了人的科學！哲學的實踐性、多樣性告訴我們，哲學必須百花齊放、百家争鳴。哲學的發展首先要解放自己，解放哲學，就是實現思維、觀念及範式的變革。人類發展也必須多塗並進，交流互鑒，共同繁榮。采百花之粉，才能釀天下之蜜。

三　哲學與當代中國

中國自古以來就有思辨的傳統，中國思想史上的百家争鳴就是哲學繁榮的史象。哲學是歷史發展的號角。中國思想文化的每一次大躍升，都是哲學解放的結果。中國古代賢哲的思想傳承至今，他們的智慧已浸入中國人的精神境界和生命情懷。

中國共産黨人歷來重視哲學，毛澤東在一九三八年，在抗日戰争最困難的條件下，在延安研究哲學，創作了實踐論和矛盾論，推動了中國革命的思想解放，成爲中國人民的精神力量。

中華民族的偉大復興必將迎來中國哲學的新發展。當代中國必須有自己的哲學，當代中國的哲學必須要從根本上講清楚中國道路的哲學道理。中華民族的偉大復興必須要有哲學的思維，必須要有不斷深入的反思。發展的道路，就是哲思的道路，文化的自信，就是哲學思維的自信。哲學是引領者，可謂永恒的「北斗」，哲學是時代的「火焰」，是時代最精緻最深刻的「光芒」。從社會變革的意義上説，任何一次巨大的社會變革，總是以理論思維爲先導。理論的變革，總是以思想觀念的空前解放爲前提，而「吹響」人類思想解放第一聲「號角」的，往往就是代表時代精神精華的哲學。社會實踐對於哲學的需求可謂「迫不及待」，因爲哲學總是「吹響」這個新時代的「號角」。「吹響」中國改革開放之

「號角」的，正是「解放思想」「實踐是檢驗真理的唯一標準」「不改革死路一條」等哲學觀念。「吹響」新時代「號角」的是「中國夢」，「人民對美好生活的向往，就是我們奮鬥的目標」。發展是人類社會永恒的動力，變革是社會解放的永遠的課題，思想解放，解放思想是無盡的哲思。中國正走在理論和實踐的雙重探索之路上，搞探索没有哲學不成！

中國哲學的新發展，必須反映中國與世界最新的實踐成果，必須反映科學的最新成果，必須具有走向未來的思想力量。今天的中國人所面臨的歷史時代，是史無前例的。十三億人齊步邁向現代化，這是怎樣的一幅歷史畫卷！是何等壯麗、令人震撼！不僅中國歷史上亘古未有，在世界歷史上也從未有過。當今中國需要的哲學，是結合天道、地理、人德的哲學，是整合古今中西的哲學，只有這樣的哲學才是中華民族偉大復興的哲學。

當今中國需要的哲學，必須是適合中國的哲學。無論古今中外，再好的東西，也需要再吸收，再消化，必須要經過現代化和中國化，才能成爲今天中國自己的哲學。哲學是解放人的，哲學自身的發展也是一次思想解放，也是人的一个思維升華、羽化的過程。中國人的思想解放，總是隨著歷史不斷進行的。歷史有多長，思想解放的道路就有多長；發展進步是永恒的，思想解放也是永無止境的，思想解放就是哲學的解放。

習近平説，思想工作就是「引導人們更加全面客觀地認識當代中國、看待外部世界」。這就需要我們確立一種「知己知彼」的知識態度和理論立場，而哲學則是對文明價值核心最精練和最集中的深邃性表達，有助於我們認識中國、認識世界。立足中國、認識中國，需要我們審視我們走過的道路，立足中國、認識世界，需要我們觀察和借鑒世界歷史上的不同文化。中國「獨特的文化傳統」、中國「獨特的歷史命運」、中國「獨特的基本國情」，「決定了我們必然要走適合自己特點的發展道路」。一切現實的，存在的社會制度，其形態都是具體的，都是特色的，都必須是符合本國實際的。抽象的制度，普世的制度是不存在的。同時，我們要全面客觀地「看待外部世界」。研究古今中外的哲學，是中國認識世界、認識人類史，認識自己未來發展的必修課。今天中國的發展不僅要讀中國書，還要讀世界書。不僅要學習自然科學、社會科學的經典，更要學習哲學的經典。當前，中國正走在實現「中國夢」的「長征」路上，這也正是一條思想不斷解放的道路！要回答中國的問題，解釋中國的發展，首先需要哲學思維本身的解放。哲學的發展，就是哲學的解放，這是由哲學的實踐性、時代性所決定的。哲學無禁區、無疆界。哲學是關乎宇宙之精神，是關乎人類之思想。哲學將與宇宙、人類同在。

四　哲學典籍

中外哲學典籍大全的編纂，是要讓中國人能研究中外哲學經典，吸收人類精神思想的精華；是要提升我們的思維，讓中國人的思想更加理性、更加科學、更加智慧。

中國有盛世修典的傳統。中國古代有多部典籍類書（如「永樂大典」「四庫全書」等），在新時代編纂中外哲學典籍大全，是我們的歷史使命，是民族復興的重大思想工程。

只有學習和借鑒人類精神思想的成就，才能實現我們自己的發展，走向未來。中外哲學典籍大全的編纂，就是在思維層面上，在智慧境界中，繼承自己的精神文明，學習世界優秀文化。這是我們的必修課。

不同文化之間的交流、合作和友誼，必須達到哲學層面上的相互認同和借鑒。哲學之間的對話和傾聽，才是從心到心的交流。中外哲學典籍大全的編纂，就是在搭建心心相通的橋樑。

我們編纂這套哲學典籍大全，一是中國哲學，整理中國歷史上的思想典籍，濃縮中國思想史上的精華；二是外國哲學，主要是西方哲學，吸收外來，借鑒人類發展的優秀哲學成果；三是馬克思主義哲學，展示馬克思主義哲學中國化的成就；四是中國近現代以來的哲學成果，特别是馬克思主義在中國的發展。

編纂這部典籍大全，是哲學界早有的心願，也是哲學界的一份奉獻。中外哲學典籍大全總結的是書本上的思想，是先哲們的思維，是前人的足迹。我們希望把它們奉獻給後來人，使他們能够站在前人肩膀上，站在歷史岸邊看待自己。

中外哲學典籍大全的編纂，是以「知以藏往」的方式實現「神以知來」；中外哲學典籍大全的編纂，是通過對中外哲學歷史的「原始反終」，從人類共同面臨的根本大問題出發，在哲學生生不息的道路上，綵繪出人類文明進步的盛德大業！

發展的中國，既是一個政治、經濟大國，也是一個文化大國，也必將是一個哲學大國、思想王國。人類的精神文明成果是不分國界的，哲學的邊界是實踐，實踐的永恒性是哲學的永續綫性，打開胸懷擁抱人類文明成就，是一個民族和國家自强自立，始終佇立於人類文明潮頭的根本條件。

擁抱世界，擁抱未來，走向復興，構建中國人的世界觀、人生觀、價值觀、方法論，這是中國人的視野、情懷，也是中國哲學家的願望！

李鐵映

二〇一八年八月

「中國哲學典籍卷」

序

中國古無「哲學」之名，但如近代的王國維所説，「哲學爲中國固有之學」。「哲學」的譯名出自日本啓蒙學者西周，他在一八七四年出版的百一新論中説：「將論明天道人道，兼立教法的philosophy譯名爲哲學。」自「哲學」譯名的成立，「philosophy」或「哲學」就已有了東西方文化交融互鑒的性質。

「philosophy」在古希臘文化中的本義是「愛智」，而「哲學」的「哲」在中國古經書中的字義就是「智」或「大智」。孔子在臨終時慨嘆而歌：「泰山壞乎！梁柱摧乎！哲人萎乎！」（史記孔子世家）「哲人」在中國古經書中釋爲「賢智之人」，而在「哲學」譯名輸入中國後即可稱爲「哲學家」。

哲學是智慧之學，是關於宇宙和人生之根本問題的學問。對此，中西或中外哲學是共同的，因而哲學具有世界人類文化的普遍性。但是，正如世界各民族文化既有世界的普遍性，也有民族的特殊性，所以世界各民族哲學也具有不同的風格和特色。如果説「哲學」是個「共名」或「類稱」，那麽世界各民族哲學就是此類中不同的「特例」。這是哲學的普遍性與多樣性的統一。

在中國哲學中，關於宇宙的根本道理稱爲「天道」，關於人生的根本道理稱爲「人道」，中國哲學的一個貫穿始終的核心問題就是「究天人之際」。一般説來，天人關係問題是中外哲學普遍探索的問題，而中國哲學的「究天人之際」具有自身的特點。

亞里士多德曾説：「古今來人們開始哲學探索，都應起於對自然萬物的驚異……這類學術研究的開始，都在人生的必需品以及使人快樂安適的種種事物幾乎全都獲得了以後。」「這些知識最先出現於人們開始有閒暇的地方。」這是説的古希臘哲學的一個特點，是與當時古希臘的社會歷史發展階段及其貴族階層的生活方式相聯繫的。與此不同，中國哲學是産生於士人在社會大變動中的憂患意識，爲了求得社會的治理和人生的安頓，他們大多「席不暇暖」地周遊列國，宣傳自己的社會主張。這就決定了中國哲學在「究天人之際」

中首重「知人」，在先秦「百家争鳴」中的各主要流派都是「務爲治者也，直所從言之異路，有省不省耳」（史記太史公自序）。

中國哲學與其他民族哲學所不同者，還在於中國數千年文化一直生生不息而未嘗中斷，中國文化在世界歷史的「軸心時期」所實現的哲學突破也是采取了極温和的方式。這主要表現在孔子的「祖述堯舜，憲章文武」，删述六經，對中國上古的文化既有連續性的繼承，又經編纂和詮釋而有哲學思想的突破。因此，由孔子及其後學所編纂和詮釋的上古經書就以「先王之政典」的形式不僅保存下來，而且在此後中國文化的發展中居於統率的地位。

據近期出土的文獻資料，先秦儒家在戰國時期已有對「六經」的排列，「六經」作爲一個著作群受到儒家的高度重視。至漢武帝「罷黜百家，表章六經」，遂使「六經」以及儒家的經學確立了由國家意識形態認可的統率地位。漢書藝文志著録圖書，爲首的是「六藝略」，其次是「諸子略」「詩賦略」「兵書略」「數術略」和「方技略」，這就體現了以「六經」統率諸子學和其他學術。這種圖書分類經幾次調整，到了隋書經籍志乃正式形成「經、史、子、集」的四部分類，此後保持穩定而延續至清。

中國傳統文化有「四部」的圖書分類，也有對「義理之學」「考據之學」「辭章之學」和「經世之學」等的劃分，其中「義理之學」雖然近於「哲學」但並不等同。中國傳統文化没有形成「哲學」以及近現代教育學科體制的分科，但是中國傳統文化確實固有其深邃的哲學思想，它表達了中華民族的世界觀、人生觀，體現了中華民族的思維方式、行爲準則，凝聚了中華民族最深沉、最持久的價值追求。

清代學者戴震説：「天人之道，經之大訓萃焉。」（原善卷上）經書和經學中講「天人之道」的「大訓」，就是中國傳統的哲學；不僅如此，在圖書分類的「子、史、集」中也有講「天人之道」的「大訓」，這些也是中國傳統的哲學。「究天人之際」的哲學主題是在中國文化上下幾千年的發展中，伴隨著歷史的進程而不斷深化、轉陳出新、持續探索的。

中國哲學首重「知人」，在天人關係中是以「知人」爲中心，以「安民」或「爲治」爲宗旨的。在記載中國上古文化的尚書皋陶謨中，就有了「知人則哲，能官人；安民則惠，黎民懷之」的表述。在論語中，「樊遲問仁，子曰：『愛人。』問知（智），子曰：『知人。』」（論語顔淵）「仁者愛人」是孔子思想中的最高道德範疇，其源頭可上溯到中國文化自上古以來就形成的崇尚道德的優秀傳統。孔子説：「未能事人，焉能事鬼？」「未知生，焉知死？」（論語先進）「務民之義，敬鬼神而遠之，可謂知矣。」（論語雍也）「智者知人」，在孔子的思想中雖然保留了對「天」和鬼神的敬畏，但他的主要關注點是現世的人生，是「仁者愛人」「天下有道」的價值取向，由此確立了中國哲學以「知人」爲中心的思想範式。西方現代哲學家雅斯貝爾斯在大哲學家一書中把蘇格拉底、佛陀、孔子和耶穌作爲「思想範式的創造者」，而孔子思想的特點就是「要在世間建立一種人道的秩序」，「在現世的可能性之中」，孔子「希望建立一個新世界」。

中國上古時期把「天」或「上帝」作爲最高的信仰對象，這種信仰也有其宗教的特殊性。如梁啓超所説：「各國之尊天者，常崇之於萬有之外，而中國則常納之於人事之中，此吾中華所特長也。……其尊天也，目的不在天國而在世界，受用不在未來（來世）而在現在（現世）。是故人倫亦稱天倫，人道亦稱天道。記曰：『善言天者必有驗於人。』此所以雖近於宗教，而與他國之宗教自殊科也。」由於中國上古文化所信仰的「天」不是存在於與人世生活相隔絶的「彼岸世界」，而是與地相聯繫（中庸所謂「郊社之禮，所以事上帝也」，朱熹中庸章句注：「郊，祀天；社，祭地。不言后土者，省文也。」），具有道德的、以民爲本的特點（尚書所謂「皇天無親，惟德是輔」，「天視自我民視，天聽自我民聽」，「民之所欲，天必從之」），所以這種特殊的宗教性也長期地影響著中國哲學對天人關係的認識。相傳「人更三聖，世經三古」的易經，其本爲卜筮之書，但經孔子「觀其德義而已」之後，則成爲講天人關係的哲理之書。四庫全书總目易類序說：「聖人覺世牖民，大抵因事以寓教……易則寓於卜筮。故易之爲書，推天道以明人事者也。」不僅易經是如此，而且以後中國哲學的普遍架構就是「推天道以明人事」。

春秋末期，與孔子同時而比他年長的老子，原創性地提出了「有物混成，先天地生」（老子二十五章），天地並非固有的，在天地產生之前有「道」存在，「道」是產生天地萬物的總根源和總根據。「道」內在於天地萬物之中就是「德」，「孔德之容，惟道是從」（老子二十一章），「道」與「德」是統一的。老子說：「道生之，德畜之，物形之，勢成之。是以萬物莫不尊道而貴德。道之尊，德之貴，夫莫之命而常自然。」（老子五十一章）老子的價值主張是「自然無爲」，而「自然無爲」的天道根據就是「道生之，德畜之……是以萬物莫不尊道而貴德」。老子所講的「德」實即相當於「性」，孔子所罕言的「性與天道」，在老子哲學中就是講「道」與「德」的形而上學。實際上，老子哲學確立了中國哲學「性與天道合一」的思想，而他從「道」與「德」推出「自然無爲」的價值主張，這就成爲以後中國哲學「推天道以明人事」普遍架構的一個典範。雅斯貝爾斯在大哲學家一書中把老子列入「原創性形而上學家」，他說：「從世界歷史來看，老子的偉大是同中國的精神結合在一起的。」他評價孔、老關係時説：「雖然兩位大師放眼於相反的方向，但他們實際上立足於同一基礎之上。兩者間的統一在中國的偉大人物身上則一再得到體現……」這裏所謂「中國的精神」「立足於同一基礎之上」，就是說孔子和老子的哲學都是爲了解決現實生活中的問題，都是「務爲治者也」。

在老子哲學之後，中庸說：「天命之謂性」，「思知人，不可以不知天」。孟子說：「盡其心者知其性也，知其性則知天矣。」（孟子盡心上）此後的中國哲學家雖然對天道和人性有不同的認識，但大抵都是講人性源於天道，知天是爲了知人。一直到宋明理學家講「天者理也」，「性即理也」，「性與天道合一存乎誠」。作爲宋明理學之開山著作的周敦頤太極圖説，是從「無極而太極」講起，至「形既生矣，神發知矣，五性感動而善惡分，萬事出矣」，這就是從天道講到人事，而其歸結爲「聖人定之以中正仁義而主静，立人極焉」，這就是從天道、人性推出人事應該如何，「立人極」就是要確立人事的價值準則。可以説，中國哲學的「推天道以明人事」最終指向的是人生的價值觀，這也就是要「爲天地立心，爲生民立命，爲往聖繼絶學，爲萬世開太平」。在作爲中國哲學主流的儒家哲學中，價值觀又是與道德修養的工夫論和道德境界相聯繫。因此，天人合一、真善合一、知行合一成爲中國哲學的主要特點。

中國哲學經歷了不同的歷史發展階段，從先秦時期的諸子百家争鳴，到漢代以後的儒家經學獨尊，而實際上是儒道互補，至魏晋玄學乃是儒道互補的一個結晶；在南北朝時期逐漸形成儒、釋、道三教鼎立，從印度傳來的佛教逐漸適應中國文化的生態環境，至隋唐時期完成中國化的過程而成爲中國文化的一個有機組成部分；宋明理學則是吸收了佛、道二教的思想因素，返而歸於「六經」，又創建了論語孟子大學中庸的「四書」體系，建構了以「理、氣、心、性」爲核心範疇的新儒學。因此，中國哲學不僅具有自身的特點，而且具有不同發展階段和不同學派思想内容的豐富性。

一八四〇年之後，中國面臨着「數千年未有之變局」，中國文化進入了近現代轉型的時期。在甲午戰敗之後的一八九五年，「哲學」的譯名出現在黄遵憲的日本國志和鄭觀應的盛世危言（十四卷本）中。此後，「哲學」以一個學科的形式，以哲學的「獨立之精神，自由之思想」推動了中華民族的思想解放和改革開放，中、外哲學會聚於中國，中、外哲學的交流互鑒使中國哲學的發展呈現出新的形態，馬克思主義哲學在與中國的歷史文化傳統、中國具體的革命和建設實踐相結合的過程中不斷中國化而産生新的理論成果。中華民族的偉大復興必將迎來中國哲學的新發展，在此之際，編纂中外哲學典籍大全，中國哲學典籍第一次與外國哲學典籍會聚於此大全中，這是中國盛世修典史上的一個首創，對於今後中國哲學的發展、對於中華民族的偉大復興具有重要的意義。

李存山

二〇一八年八月

「中國哲學典籍卷」

出版前言

社會的發展需要哲學智慧的指引。在中國浩如煙海的文獻中，哲學典籍占據著重要地位，指引著中華民族在歷史的浪潮中前行。這些凝練著古聖先賢智慧的哲學典籍，在新時代仍然熠熠生輝。

收入我社「中國哲學典籍卷」的書目，是最新整理成果的首次發布，按照内容和年代分爲以下幾類：先秦子書類、兩漢魏晋隋唐哲學類、佛道教哲學類、宋元明清哲學類、近現代哲學類、經部（易類、書類、禮類、春秋類、孝經類）等，其中以經學類占多數。全本次整理皆選取各書存世的善本爲底本，制訂校勘記撰寫的基本原則以確保校勘品質。全套書采用繁體竪排加專名綫的古籍版式，嚴守古籍整理出版規範，並請相關領域專家多次審稿，作者反復修訂完善，旨在匯集保存中國哲學典籍文獻，同時也爲古籍研究者和愛好者提供研習的文本。

文化自信是一個國家、一個民族發展中更基本、更深沉、更持久的力量。對中國哲學典籍進行整理出版，是文化創新的題中應有之義。中國社會科學出版社秉持「傳文明薪火，發時代先聲」的發展理念，歷來重視中華優秀傳統文化的研究和出版。「中國哲學典籍卷」樣稿已在二〇一八年世界哲學大會、二〇一九年北京國際書展等重要圖書會展亮相，贏得了與會學者的高度讚賞和期待。

點校者、審稿專家、編校人員等爲叢書的出版付出了大量的時間與精力，在此一並致謝。由於水準有限，書中難免有一些不當之處，敬請讀者批評指正。

趙劍英

二〇二〇年八月

本書點校説明

宋代之後，對孝經學影響最大者，莫過於朱子孝經刊誤。朱子的孝經著述，惟孝經刊誤一篇，與朱子語類中的若干文字，然其影響延及宋、元、明、清四代，在孝經學史上的地位非比尋常。朱熹，南宋時徽州婺源人，號晦庵，謚文，又稱朱文公。孝經刊誤一卷，書成於淳熙十三年，朱子年五十七，主管華州雲臺觀時作。朱子作孝經刊誤，方式與大學章句相同。刊誤所據爲古文孝經，朱子將古文前七章（即今文前六章）視爲孔子、曾子應答之言，當作「經」，其後是「傳」，爲齊、魯間陋儒所作。正是這一前所未有的刊誤手法，完全拆解了漢、唐注疏所構成的孝經學體系，並顛覆了由孝經通往五經的道路，而以四書取而代之。如此一來，朱子的孝經學提供了一種全新的理解方式，從漢、唐以來以政治的、秩序的方式看孝經，轉變爲以道德的、修身的方式看孝經，亦即孝經學由經學轉變爲理學。

朱子作孝經刊誤之後，孝經之學隨之一變。蓋刊誤一書，惟拆分經傳，删削字句，而未爲之注訓。是故宋、元、明三代與清代前期治孝經者，多受朱子之影響，而繼承朱子之事業，爲刊誤重施注解，發明其義。其中影響較大者，有元董鼎之孝經大義、元吴澄之孝經定本、元朱申之晦庵先生所定古文孝經句解、明項霦之孝經述注、清熊兆之古文孝經朱子訂定刊誤集講等。本書收録宋元孝經學部分的注本，即以朱子的孝經刊誤爲核心和樞紐，以四庫全書本爲點校底本進行整理和研究，並附語類孝經以求其全，然後整理發明其義的孝經大義、孝經定本和晦庵先生所定古文孝經句解等三家注本，同時也保留在朱子之前的古文孝經指解一家注本。

朱子之後的孝經學，因諸家皆從朱子之説，以孝經爲小學童蒙之作，是故大多僅是訓釋文句，略明經義，可觀者不多。惟董鼎孝經大義稍能發明義理，於刊誤之學，功在第一。並録孝經定本和晦庵先生所定古文孝經句解兩家注本，以窺見朱子影響下宋元時期孝經學之概況。董鼎生於宋末元初，字季亨，鄱陽人，朱子後學。朱子傳其弟子、女婿黄榦，黄榦傳董夢程，董夢程傳董鼎，是其學爲朱子三傳。董氏作尚書輯録纂注，復作孝經大義，皆收録於四庫全書。據四庫全書提要，董鼎遵循朱子改本而爲之詮解，凡改本圈記之字，全部删除。改本辨正之語，則仍存于各章之末。所謂「右傳之幾章釋某義」者，一一順文衍説，無所出入。第十三、十四章，所謂「不解經而别發一義」者，亦即以經外之義説之，無所辨詰。惟增注今文異同爲董鼎所加。其注稍參以方言，如云「今有一箇道理」，又云「至此方言出一孝字」之類，略如語録之例。其敷衍語氣，則全爲口義之體。雖遣詞未免稍冗，而發揮明暢，頗能反覆以盡其意，于初學亦不爲無益。孝經大義之特點，乃將孝經納入宋以來的「道統」之中。董氏言堯、舜之道，不過孝悌，且傳之于禹、湯、文、武、周公、孔子，此以孝悌之道依傍于宋代理學所重新構建之「道統」也。在整理上以通志堂經解本爲點校底本，並參校明曆本和四庫全書本。

孝經定本雖從朱子孝經刊誤之體例分列經傳却又有所改易，是更爲分裂舊文而顛倒顛多。撰者吴澄，字幼清，號草廬，元代崇仁人，世稱「草廬先生」。其長在於注解簡明扼要，條理通貫。如四庫全書總目所言：「朱子刊誤既不可廢，則澄此書亦不能不存。蓋至是，而孝經有二改本矣。」現以四庫全書本爲底本進行整理，並參校續四庫全書朱鴻編孝經總類本。

晦庵先生所定古文孝經句解則又在其次，撰者朱申，元人，事迹無考，里貫亦未詳。書中以今文章次標列其間，其字句又不從朱子刊誤本，注解淺陋，是四庫全書僅存其目。如「子曰」句下注曰「孔子言曰」，「參」字下注曰：「呼其名而告之」，故四庫全書提要以爲，蓋鄉塾課蒙之本，不足以言詁經者。今以通志堂經解本爲點校底本，並參校續四庫全書朱鴻編孝經總類本。

宋代孝經學在朱子之前，有北宋司馬光和范祖禹皆據古文孝經而爲之注，後人將之合爲一書，名古文孝經指解，清修通志堂經解、四庫全書皆録之。司馬光，涑水鄉人，世稱涑水先生。范祖禹，成都人，與司馬光同爲北宋人，從司馬光編修資治通鑒。朱子之前的古文孝經指解在唐明皇的御注廢古文之後，重新掀起了孝經學史上的今、古文之爭，司馬光本從古文孝經，但句下却備采唐明皇今文之注，混同古今。不過，如四庫全書總目所言：「光所解及祖禹所説，讀者觀其宏旨以求天經地義之原足矣；其今文、古文之爭，直謂賢者之過可也。」今以通志堂經解本爲點校底本，參以四庫全書本進行點校和整理。

本書點校體例説明如下：

一、書名用曲綫標出，人名、地名、朝代名用直綫標出。

二、凡引號之内的分段，各段用前引號不用後引號，至末段結尾方用後引號。

三、異體字一般改成統一的規範字，部分異體字根據情況保留不變。

本書所收五種注本的點校最早在二〇一三級的碩士生課堂上進行，本屆一共有十位同學，每次課前分配點校任務，然後在課堂上師生一起一字一句校對，每一個有分歧的地方都進行了反復推敲，學期結束之後由筆者匯總修訂。二〇一五級的七位碩士同學也在課堂上參與了部分注本的點校，由整理者匯總核對，在反復校對之後定稿。因此，本書的校對應該是集體的勞動成果，許多同學都付出了辛勞，筆者不敢貪功。碩士畢業生盧辰參與了後期校對，對他的辛勤付出表示謝意。雖然有這麼多人共同付出了長時間的努力，終因文字上的點校工作並非我們所長，其中錯誤在所難免，懇請讀者批評指正。

曾海軍

二零一八年一月

目録

古文孝經指解

古文孝經指解序

朝奉郎守殿中丞充集賢校理史館檢討臣司馬光上進

聖人言則爲經，動則爲法，故孔子與曾參論孝，而門人書之，謂之孝經。及傳授滋久，章句寖差。孔氏之人畏其流蕩失真，故取其先世定本，雜虞、夏、商、周之書及論語藏諸壁中。苟使人或知之，則旋踵散失，故雖子孫不以告也。遭秦滅學，天下之書埽[一]地無遺。漢興，河間人顔芝之子得孝經十八章，儒者相與傳之，是爲今文。及魯共王壞孔子宅而古文始出，凡二十二章。當是之時，今文之學已盛，故古文排根，不得列於學官，獨孔安國及後漢馬融爲之傳。諸儒黨同

[一] 埽，四庫本作「掃」。

疾異，信僞疑真，是以歷載累百而孤學沉〔二〕厭，人無知者。隋開皇中秘〔三〕書學生王逸於陳人處得之，河間劉炫爲之作稽疑一篇，將以興墜起廢，而時人已多譏笑之者。及唐明皇開元中詔議孔、鄭二家，劉知幾以爲宜行孔廢鄭，於是諸儒爭難蠭起，卒行鄭學。及明皇自注，遂用十八章爲定。先儒皆以爲孔氏避秦禁而藏書，臣竊疑其不然，何則？秦科斗之書廢絶已久，又始皇三十四年始下焚書之令，距漢興纔七年耳，孔氏子孫豈容悉無知者，必待共王然後迺出？蓋始藏之時，去聖未遠，其書最真，與夫他國之人轉相傳授、歷世疏遠者，誠不侔矣。且孝經與尚書俱出壁中，今人皆知尚書之真而疑孝經之僞，是何異信膾之可啗，而疑炙之不可食也？嗟乎！真僞之明，皦若日月，而歷世爭論不能自伸，雖其中異同不多，然要爲得正，此學者所當重惜也。前世中孝經多者五十餘家，少者亦不減十家。今祕閣所藏止有鄭氏、明皇及古文三家而已，其古文有經無傳。案孔安國以古文時無通者，故以隸體寫尚書而傳之。然則論語、孝經不得獨用古文，此蓋後世好事者用孔氏傳本，更以古文寫之，其文

〔二〕沉，通志堂本作「沈」，據四庫本改。
〔三〕秘，四庫本作「祕」。

則非，其語則是也。夫聖人之經高深幽遠，固非一人所能獨了，是以前世並存百家之説，使明者擇焉，所以廣思慮、重經術也。臣愚雖不足以度越前人之胸臆，闚〔一〕望先聖之藩籬，至於時有所見，亦各言爾志之義。是敢輒以隸寫古文爲之指解，其今文舊注有未盡者，引而伸之，其不合者，易而去之，亦未知此之爲是而彼之爲非。然經猶的也，一人射之，不若衆人射之，其爲取中多矣。臣不敢避狂僭之罪，而庶幾於先王之道萬一有所補焉。

孝經指解

唐玄宗皇帝注
宋司馬光指解
范祖禹説

仲尼閒居，今文無「閒」。玄宗曰：「仲尼，孔子字。居，謂閒居。」曾子侍坐。今文無「坐」。玄

〔一〕闚，四庫本作「窺」。

宗曰：「曾子，孔子弟子。侍，謂侍坐。」子曰：「參，先王有至德要道以順天下，民用和睦，上下無怨。女知之乎？」玄宗曰：「孝者，德之至、道之要也。」言先〔一〕代聖德之主，能順天下人心，行此至要之化，則上下神人，和睦無怨。○司馬光曰：「聖人之德無以加於孝，故曰至德；可以治天下、通神明，故曰要道；天地之經而民是則，非先王强以教民，故曰『以順天下』；孝道既行，則父父、子子、兄兄、弟弟，故民和睦；下以忠順事其上，上不敢侮慢其下，故『上下無怨』。」曾子避席，曰：「參不敏，何足以知之？」玄宗曰：「參，曾子名也。禮：師有問，避席起答。敏，達也。言參不達，何足以知此至要之義。」子曰：「夫孝，德之本，教之所由生。玄宗曰：「人之行莫大於孝，故爲德本。」○司馬光曰：「人之修德，必始於孝而後仁義生；先王之教，亦始於孝而後禮樂興。」復坐，吾語女。玄宗曰：「曾參起對，故使復坐。」身體髮膚，受之父母，不敢毀傷，孝之始也；玄宗曰：「父母全而生之，己當全而歸之，故不敢毀傷。」○司馬光曰：「身體言其大，髮膚言其細。細猶愛之，况其大乎。夫聖人之教，所以養民而全其生也。苟使民輕用其身，則違道以求名，乘險以要利，忘生以決忿，如是而生民之類滅矣。故聖人論孝之始，而以愛身爲先。或曰：『孔子云「有殺身以成仁」』，然則仁者固

〔一〕先，四庫本作「光」。

不孝與？』曰：『非此之謂也。此之所言常道也，彼之所論，遭時不得已而爲之也。仁者，豈樂殺其身哉。顧不能兩全，則舍生而取仁，非謂輕用其身也。』」立身行道，揚名於後世，以顯父母，孝之終也。玄宗曰：「言能立身行此孝道，自然名揚後世，光顯其親。故行孝以不毁爲先，揚名爲後。」○司馬光曰：「人之所謂孝者，『有事弟子服其勞，有酒食先生饌』。聖人以爲，此特養爾，非孝也。所謂孝，國人稱願然，曰：『幸哉！有子如此。』故君子立身行道以爲親也。」夫孝，始於事親，中於事君，終於立身。玄宗曰：「言行孝以事親爲始，事君爲中。忠、孝道著，迺能揚名榮親，故曰『終於立身』也。」○司馬光曰：「明孝非直親而已。」大雅云：『無念爾祖，聿修厥德。』」玄宗曰：「詩大雅也。無念，念也。聿，述也。厥，其也。義取恒念先祖，述修其德。」○司馬光曰：「毋念，念也。言毋亦念爾之祖乎，而不修德也？引此以證人之修德，皆恐辱先也。」○范祖禹曰：「聖人之德，無以加於孝，故曰至德。治天下之道，莫先於孝，故曰要道。因民之性而順之，故曰順天下。民用和睦，上下無怨，順之至也。上以善道順下，故下無怨；下以愛心順上，故上無怨。人之爲德，必以孝爲本；先王所以治天下，亦本於孝而後教生焉。孝者，五常之本，百行之基也。未有孝而不仁者也，未有孝而不義者也，未有孝而無禮者也，未有孝而不智者也，未有孝而不信者也。以事君則忠，以事兄則悌，以治民則愛，以撫幼則慈。德不本於孝，則非德也；教不生於孝，則非教也。君子之行，必本於身。記曰：『身也者，親之枝也。』可不敬乎？身體髮膚，受之於親而愛之，則不敢忘其本。不而行修於內，行道，身不立不足以行道。善不積不足以立身，此所以爲孝之始也。此所以爲孝之始也。敢忘其本，則不爲不善，以辱其親，此所以爲孝之始也。善不積不足以立身，身不立不足以行道，行修於內而名從之矣。故以身爲法於天下而揚名於後世，以顯其親者，孝之終也。居則事親者，在家之孝也；出則事長者，在邦之孝也；立身揚名者，永世之孝也。盡此三道者，君子所以成德也。記曰：『必則古昔稱先王。』故孔子言孝，每以詩、書明之，言必有稽也。」

子曰：「愛親者，不敢惡於人；玄宗曰：「博愛也。」敬親者，不敢慢於人。玄宗曰：「廣敬也。」○司馬光曰：「語更端，故以『子曰』起之。不敢惡慢，明出乎此者，返乎彼者也。惡慢於人，則人亦惡慢之，如此辱將及親。」愛敬盡於事親，而德教加於百姓，刑於四海，玄宗曰：「刑，法也。君行博愛、廣敬之道，使人皆不慢惡其親，則德教加被天下，當爲四夷之所法則也。」蓋天子之孝。玄宗曰：「蓋，猶略也。孝道廣大，此略言之。」○司馬光曰：「愛、恭人者，懼辱親也。然愛人，人亦愛之；恭人，人亦恭之。人愛之，則莫不親；人恭之，則莫不服。以天子而行此道，則德教可以加於百姓、刑於四海矣。刑，法也，言皆以爲法。」甫刑云：『一人有慶，兆民賴之。』」玄宗曰：「甫刑，即尚書吕刑也。一人，天子也。慶，善也。十億曰兆。義取天子行孝，兆人皆賴其善。」○司馬光曰：「慶，善也。一人爲善而天下賴之，明天子舉動，所及者遠，不可不慎也。」○范祖禹曰：「天子之孝，始於事親以及天下。愛親則無不愛也，故不敢惡於人；敬親則無不敬也，故不敢慢於人。天子之於天下也，不敢有所惡，亦不敢有所慢，則事親之道極其愛敬矣。刑之爲言，法也。『德教加於百姓，刑於四海』者，皆以天子爲法也。天子者，天下之表也。率天下以視一人，天子愛親，則四海之内無不愛其親者矣；天子敬親，則四海之内無不敬其親者矣。天子者，所以爲法於四海也。詩曰：『群黎百姓，徧爲爾德。』故孝始於一心，而教被於天下。慶在其一身，而億兆無不賴之也。」

「在上不驕，高而不危；玄宗曰：「諸侯，列國之君，貴在人上，可謂高矣。而能不驕，則免危也。」○司馬光曰：「高而危者，以驕也。」制節謹度，滿而不溢。玄宗曰：「費用約儉謂之制節，慎行禮法謂之謹度。無禮爲驕，奢泰爲溢。」○司馬光曰：「滿爲溢者，以奢也。制節，制財用之節。謹度，不越法度。」高而不危，所以長守貴；滿而不溢，所以長守富。富貴不離其身，然後能保其社稷而和其民人，玄宗曰：「列國皆有社稷，其君主而祭之。言富貴常在其身，則長爲社稷之主，而人自和平也。」蓋諸侯之孝。司馬光曰：「能保社稷，孝莫大焉。」詩云：『戰戰兢兢，如臨深淵，如履薄冰。』玄宗曰：「戰戰，恐懼。兢兢，戒慎。臨深恐墜，履薄恐陷。義取爲君恒須戒慎。」○司馬光曰：「不敢爲驕奢。」○范祖禹曰：「國君之位，可謂高矣；有千乘之國，可謂滿矣。在上位而不驕，故雖高而不危；制節而能約，謹度而不過，故雖滿而不溢。貴者易驕，驕則必危；富者易盈，盈則必覆，故聖人戒之。貴而不驕，則能保其貴矣；富而不奢，則能保其富矣。國君不可以失其位，惟勤於德，則富貴不離其身，故能保其社稷，和其民人。所受於天子先君者也，能保之則爲孝矣。詩云：『戰戰兢兢，如臨深淵，如履薄冰。』言處富貴者，持身當如此戒慎之至也。夫位愈大者，守愈約；民愈衆者，治愈簡。中庸曰：『君子篤恭而天下平。』故天子以事親爲孝，諸侯以守位爲孝。事親而天下莫不孝，守位而後社稷可保，民人廼和。天子者，與天地參，德配天地，富貴不足以言之也。」

「非先王之法服不敢服，玄宗曰：「服者，身之表也。先王制五服，各有等差。言卿大夫遵守禮法，不敢僭上逼下。」非先王之法言不敢道，非先王之德行不敢行。玄宗曰：「法言，謂禮法之言。德行，謂道德之行。若言非法、行非德，則虧孝道，故不敢也。」○司馬光曰：「君當制義，臣當奉法，故卿大夫奉法而已。」是故非法不言，非道不行；玄宗曰：「言必守法，行必遵道。」○司馬光曰：「謂出於身者也。」口無擇言，身無擇行；玄宗曰：「言行皆遵法道，所以無可擇也。」○司馬光曰：「謂接於人者也。擇，謂或是或非可擇者也。」言滿天下無口過，行滿天下無怨惡。玄宗曰：「禮法之言，焉有口過；道德之行，自無怨惡。」○司馬光曰：「謂及於天下者也。言雖遠及於天下，猶無過差爲人所怨惡。」三者備矣，然後能守其宗廟，玄宗曰：「三者，服、言、行也。禮：卿大夫立三廟以奉先祖。言能備此三者，則能長守宗廟之祀。」蓋卿大夫之孝也。司馬光曰：「三者謂出於身，接於人，及於天下。」詩云：『夙夜匪懈，以事一人。』玄宗曰：「夙，早也。懈，惰也。義取爲卿大夫能早夜不惰，敬事其君也。」○

司馬光曰：「言謹守法度以事君。」○范祖禹曰：「卿大夫以循法度爲孝。服先王之服，道先王之言，行先王之行，然後可以爲卿大夫。不言非法也，故口無可擇之言；不行非道也，故身無可擇之行。欲言、行無可擇者，正心而已矣。心正則無不正之言、不善之行。言日出於口，皆正也；行日出於身，皆善也。雖滿天下而無口過、怨惡，則可謂孝矣。易曰：『言行，君子之所以動天地也。』然則言滿天下亦不必多，行滿天下亦不必著。一言一行皆足以塞乎天下，其可不慎乎？」

「資於事父以事母，而愛同；司馬光曰：「資，取也。取於事父之道以事母，其愛則等矣，而恭有殺焉，以父主義、母主恩故也。」**資於事父以事君，而敬同。**玄宗曰：「資，取也。言愛父與母同，敬父與君同。」○司馬光曰：「取於事父之道以事君，恭則等矣，而愛有殺焉，以君臣之際義勝恩故也。」**故母取其愛，而君取其敬，兼之者父也。**玄宗曰：「言事父兼愛與敬也。」○司馬光曰：「明父者，愛、恭之至隆。」**故以孝事君則忠，**玄宗曰：「移事父孝以事於君，則爲忠矣。」**以敬事長則順。**玄宗曰：「移事兄敬以事於長，則爲順矣。」**忠順不失以事其上，然後能保其爵禄而守其祭祀，**玄宗曰：「能盡忠順以事君長，則常安禄位，永守祭祀。」**蓋士之孝也。**司馬光曰：「君言社稷，卿大夫言宗廟，士言祭祀，皆舉其盛者也。禮：庶人薦而不祭。」**詩云：『夙興夜寐，無忝爾所生。』」**玄宗曰：「忝，辱也。所生，謂父母也。義取早起夜寐，無辱其親也。」○司馬光曰：「忝，辱也。言當夙夜爲善，毋辱其父母。」〇范祖禹曰：「人莫不有本，父者，生之本也。事母之道取於事父之愛心也，事君之道取於事父之敬心也。其在母也，愛同於父，非不敬母也，愛勝敬也；其在君也，敬同於父，非不愛君也，敬勝愛也。愛與敬，父則兼之，是以致隆於父，一本故也。致一，而後能誠；知本，而後能孝。故移孝以事君則爲忠，推敬以事長則爲順，能保其爵禄、守其祭祀則不辱。」

子曰：「因天之道，玄宗曰：「春生夏長，秋收冬藏，舉事順時，此用天道也。」〇司馬光曰：「春耕秋穫。」因地之利，玄宗曰：「分别五土，視其高下，各盡所宜，此分地利也。」〇司馬光曰：「高宜黍稷，下宜稻麥。」謹身節用，以養父母，玄宗曰：「身恭謹，則遠恥辱；用節省，則免饑寒。公賦既充，則私養不闕。」〇司馬光曰：「謹身則無過，不近兵刑；節用則不乏，以供甘旨。能此二者，養道盡矣。」此庶人之孝也。玄宗曰：「庶人爲孝，唯此而已。」〇司馬光曰：「明自士以上非直養而已，要當立身揚名，保其家國。」〇范祖禹曰：「因天之道，用其時也；因地之利，從其宜也。天有時，地有宜，而財用於是乎滋殖。聖人教民，因之以厚其生。謹身則遠罪，節用則不乏，故能以養父母，此孝之事也。」

「故自天子已下，至於庶人，孝無終始，而患不及者，未之有也。」玄宗曰：「始自天子，終於庶人，尊卑雖殊，孝道同致，而患不能及者，未之有也。言無此理，故曰未有。」〇司馬光曰：「始則事親也，終則立身行道也。患，謂禍敗。言雖有其始而無其終，猶不得免於禍敗，而羞及其親，未足以爲孝也。」

○范祖禹曰：「庶人以養父母爲孝，自士已上，則莫不有位，士以守祭祀爲孝，卿大夫以守宗廟爲孝，諸侯以保社稷爲孝。至於愛敬之道，則自天子至於庶人，一也。始於事親、終於立身者，孝之終始。自天子至於庶人，孝不能有終有始，而禍患不及者，未之有也。天子不能刑四海，諸侯不能保社稷，卿大夫不能守宗廟，士不能守祭祀，庶人不能養父母，未有灾不及其身者也。」

曾子曰：「甚哉！孝之大也。」玄宗曰：「參聞行孝無限高卑，始知孝之爲大也。」○司馬光曰：「曾子始者亦謂養親爲孝耳，及聞孔子之言，立身治國之道皆本於孝，廼驚歎其大。」子曰：「夫孝，天之經，地之義，民之行。玄宗曰：「經，常也。利物爲義。孝爲百行之首、人之恒德，若三辰運天而有常，五土分地而爲義也。」天地之經，而民是則之。玄宗曰：「天有常明，地有常利，言人法則天地，亦以孝爲常行也。」○司馬光曰：「經，常也。言孝者天地之常、自然之道，民法之以爲行耳，其爲大不亦宜乎？」因天之明，因地之義，以順天下，是以其教不肅而成，其政不嚴而治。玄宗曰：「法天明以爲常，因地利以行義，順此以施政教，則不待嚴肅而成理也。」○司馬光曰：「王者逆於天地之性，則教肅而民不從，政嚴而事不治。今上則天明，下則地義，中順[一]民性，又何待於嚴、肅乎？」先王見教之可以化民

[一] 順，通志堂本作「非」，據四库本改。

也，玄宗曰：「見因天地教化人之易也。」○司馬光曰：「教，當作孝，聲之誤也。知孝，天地之經，易以化民也。」是故先之以博愛而民莫遺其親，玄宗曰：「君愛其親，則人化之，無有遺其親者。」○司馬光曰：「此親謂九族之親。疏且愛之，況於親乎？」陳之以德義而民興行，玄宗曰：「陳說德義之美，爲衆所慕，則人起心而行之。」○司馬光曰：「陳，謂陳列以教人。興行，起爲善行。」先之以敬讓而民不爭，玄宗曰：「君行敬讓，則人化而不爭。」導之以禮樂而民和睦，玄宗曰：「禮以檢其迹，樂以正其心，則和睦矣。」○司馬光曰：「禮以和外，樂以和内。」示之以好惡而民知禁。玄宗曰：「示好以引之，示惡以止之，則人知有禁令，不敢犯也。」○司馬光曰：「君好善而能賞，惡惡而能誅，則下知禁矣。五者皆孝治之具。」詩云：『赫赫師尹，民具爾瞻。』」玄宗曰：「赫赫，明盛貌也。尹氏，爲太師，周之三公也。義取大臣助君行化，人皆瞻之也。」○司馬光曰：「赫赫，明盛貌。師尹，周太師尹氏。具，俱也。言上之所爲，下必觀而化之。」○范祖禹曰：「易曰：『大哉乾元，萬物資始。』資始，則父道也。又曰：『至哉坤元，萬物資生。』資生，則母道也。天施之，萬物莫不本於天，故孝者天之經；地生之，萬物莫不親於地，故孝者地之義。天地之道，順而已矣。經者，順之常也；義者，順之宜也。不順，則物不生。天地順萬物，故萬物順天地。民生於天地之間，爲萬物之靈，故能則天地之經以爲行。在天地則爲順，在人則爲孝，其本一也。

則天地以爲行者，民也；則天地以爲道者，王也。故上則『因天之明』，下則『因地之義』。教不肅而成，政不嚴而治，皆因人心也。『先之博愛』者，身先之也。博愛者無所不愛，況其親族，其可遺之乎？上之所爲，不令而從之，故君能博愛，則民不遺其親矣。『陳之以德義』，德者，得也；義者，宜也。得於己、宜於人，必可見於天下，則民莫不興行矣。『先之以敬讓』，爲上者不可不敬，爲國者不可不讓。先之以敬讓，所以教民不爭也。禮者，非玉帛之謂也；樂者，非鐘鼓之謂也。禮所以修外，主於節；樂所以修內，主於和。『天叙有典』，『天秩有禮』，五典、五禮，所以奉天也。有序則和樂，故樂由是生焉。有序而和，未有不親睦者也。導之以禮樂，則民和睦矣。上之所好不必賞而勸，上之所惡不必罰而懲，好善而惡惡，則民知所禁，甚於刑賞，故人君爲天下示其好惡所在而已矣。詩云：『赫赫師尹，民具爾瞻。』言民之從於上也。」

子曰：「昔者明王之以孝治天下也，玄宗曰：「言先代聖明之王，以至德要道化人，是爲孝理。」不敢遺小國之臣，而況於公侯伯子男乎？玄宗曰：「小國之臣，至卑者耳。主尚接之以禮，況於五等諸侯？是廣敬也。」○司馬光曰：「遺，謂簡忽使之失所。」故得萬國之懽心，以事其先王。玄宗曰：「萬國，舉其多也。言行孝道以理天下，皆得懽心，則各以其職來助祭也。」○司馬光曰：「莫不得所欲，故皆有懽心。以之事先王，孝孰大焉。」治國者不敢侮於鰥寡，而況於士民乎？玄宗曰：「理國，謂諸侯也。鰥寡，國之微者。君尚不敢輕侮，況知禮義之士乎。」○司馬光曰：「侮，謂輕棄之。士，謂凡在位者。」故得百姓之懽心，以事其先君。玄宗曰：「諸侯能行孝理，得所統之懽心，則皆恭事，助其祭享也。」治家者不敢侮於臣妾，而況於妻子乎？玄宗曰：「理家，謂卿大夫。臣妾，家之賤者。妻子，家之貴者。」故得人之懽心，以事其親。玄宗曰：「卿大夫位以材進，受禄養親，若能孝理其家，則得小大之懽心，助其奉養。」夫然，故生則親安之，祭則鬼享之，玄宗曰：「夫然者，然上孝理皆得懽心，則存安其榮，没享其祭。」○司馬光曰：「治天下國家者，苟不用此道，則近於危辱，非孝也。」是以天下和平，災害不生，司馬光曰：「天道和。」禍亂不作。玄宗曰：「上敬下懽，存安没享，人用和睦，以致太平，則災害禍亂無因而起。」○司馬光曰：「人理平。古文亂作⿱䜌乙，舊讀作變，非。」故明王之以孝治天下如此。玄宗曰：「言明王以孝爲理，則諸侯以下，化而行之，故致如此福應。」○司馬光曰：「使國以孝治其國，家以孝治其家，以致和平。」詩云：『有覺德行，四國順之。』玄宗曰：「覺，大也。義取天子有大德行，則四方之國順而行之。」○司馬光曰：「覺，大也，直也。言王者有大、直之德行。謂以孝治天下，故四方之國無敢逆之。」○范祖禹曰：「天子不敢遺小國之臣，則待公侯伯子男以禮可知矣。上以禮待下，下以禮事上，而愛敬生焉，愛敬所以得天下之懽心也。以萬國懽心而事先王，此天子孝之大者也。治國者不敢侮鰥寡，則無一夫不獲其所矣。以百姓懽心而事先君，此諸侯孝之大者也。伊尹曰：『匹夫匹婦不獲自盡，民主罔與成厥功。』天子之於天下，諸侯之於一國，有一夫不獲其所，一物不得其養，則於事先王、先君有不至者矣。治家者遇臣妾以道，待妻子以禮，然後可以得人之懽心，而不辱其親矣。自天子至於卿大夫，事親以懽心爲大。天子必得天下之心，諸侯必得一國之心，卿大夫必得人之心，迺可以爲孝矣。夫知幽莫如顯，知死莫如生，能事親則能事神，故生則親安之，祭則鬼享之，其理然也。灾害，天之所爲也；禍亂，人之所爲也。夫孝，致之而塞乎天地，溥之而横乎四海。推一人之心，而至於陰陽和、風雨時，故灾害不生；禮樂興、刑罰措，故禍亂不作。詩云：『有覺德行，四國順之。』以天下之大，而莫不順於一人，惟能孝也。」

曾子曰：「敢問聖人之德，其無以加於孝乎？」玄宗曰：「參聞明王孝理以致和平，又問聖人德教，更有大於孝不？」○司馬光曰：「言聖人之德，亦止於孝而已邪。」子曰：「天地之性人爲貴，玄宗曰：「貴，其異於萬物也。」○司馬光曰：「人爲萬物之靈。」人之行莫大於孝，玄宗曰：「孝者，德之本也。」○司馬光曰：「孝者，百行之本。」孝莫大於嚴父，玄宗曰：「萬物資始於乾，人倫資父爲天，故孝行之大，莫過尊嚴其父也。」○司馬光曰：「嚴，謂尊顯之。」嚴父莫大於配天，則周公其人也。玄宗曰：「謂父爲天雖無貴賤，然以父配天之禮始自周公，故曰其人也。」○司馬光曰：「聖人之孝，無若周公事業著明，故舉以爲説。」昔者周公郊祀后稷以配天，玄宗曰：「后稷，周之始祖也。郊，謂圜丘祀天也。周公攝政，因行郊天之祭，迺尊始祖以配之也。」宗祀文王於明堂以配上帝，玄宗曰：「明堂，天子布政之宫也。周公因祀五方上帝於明堂，迺尊文王以配之也。」是以四海之内各以其職來助祭。玄宗曰：「君行嚴配之禮，則德教刑於四海，海内諸侯各修其職來助祭也。」夫聖人之德，又何以加於孝乎？玄宗曰：「言無大於孝者。」○司馬光曰：「武王克商，則后稷、文王固有配天之尊矣。然居位日寡，禮樂未備，政教未洽，其於尊顯之道猶若有闕。及周公攝政，制禮作樂以致太平，四海之内莫不服從，各率其職以來助祭，然後聖人之孝於斯爲盛。」故親生之膝下，以養父母日嚴，玄宗曰：「親，猶愛也。膝下，謂孩幼之時也。言親愛之心生於孩幼，比及年長，漸識義方，則日加尊嚴，能致敬於父母也。」司馬光曰：「此下又明聖人以孝德教人之道也。親者，親愛之心。膝下，謂孩幼嬉戲於父母膝下之時也。當是之時，已有親愛之心，而未知嚴恭。及其稍長，則日加嚴恭。明皆出其天性，非聖人强之。膝，或作育。」聖人因嚴以教敬，因親以教愛。玄宗曰：「聖人因其親、嚴之心，敦以愛、敬之教。故出以就傅，趨而過庭，以教敬也；抑搔癢痛，縣衾篋枕，以教愛也。」○司馬光曰：「嚴、親者，因心自然；恭、愛者，約之以禮。」聖人之教不肅而成，其政不嚴而治，玄宗曰：「聖人順群心以行愛敬，制禮則以施政教，亦不待嚴、肅而成理也。」其所因者本也。玄宗曰：「本，謂孝也。」○司馬光曰：「本，謂天性。」○范祖禹曰：「天地之生萬物，惟人爲貴。人有天地之貌，懷五常之性，故人之行莫大於孝。聖人者，人倫之先也，惟孝爲大。嚴父，孝之大者也。天子有配天之理，配天，嚴父之大者也，自周公始行之。故郊祀后稷以配天，宗祀文王以配上帝，四海之内皆來助祭也，所謂『得萬國之懽心』事先王者也。聖人德至以如此，惟生於心也。孩提之童無不知愛其親者，故循其本而言之。親愛之心生於膝下，此其生知之良心。親既長矣，則知養父母而日加敬矣，此亦其自然之良心也。聖人非能强人以爲善，順其性使明於善而已矣。愛、敬之心人皆有之，故因其有嚴而教之敬，因其有親而教之愛。此所以教不肅而成、政不嚴而治。其治同者，因於人之天性故也。」

子曰：「父子之道天性，司馬光曰：「不慈不孝，情敗之也。」君臣之義。玄宗曰：「父子之道，天性之常。加以尊嚴，又有君臣之義。」○司馬光曰：「父君子臣。」父母生之，續莫大焉；玄宗曰：「父母生子，傳體相續，人倫之道莫大於斯。」○司馬光曰：「人之所貴有子孫者，爲續祖父之業故也。續，或作績。」君親臨之，厚莫重焉。玄宗曰：「謂父爲君以臨於己，恩義之厚，莫重於斯。」○司馬光曰：「有君之尊，有親之親，恩義之厚，莫此爲重。」○范祖禹曰：「父慈子孝者，於天性，非人爲之也。父尊子卑，則君臣之義立矣。故有父子，然後有君臣。中庸曰：『父母其順矣乎。』父之愛子，子之孝父，皆順其性而已矣。君臣之義生於父子，人非父不生，非君不治。故有父斯有子，有君斯有臣，天地定位而父子、君臣立矣。父母生之，續其世莫大焉。有君之尊，有親之親，以臨於己，義之存莫重焉。能知此，則愛敬隆矣。」

子曰：「不愛其親而愛他人者，謂之悖德；不敬其親而敬他人者，謂之悖禮。玄宗曰：「言盡愛、敬之道，然後施教於人。違此，則於德、禮爲悖也。」○司馬光曰：「苟不能恭、愛其親，雖恭、愛他人，猶不免於悖，以明『孝者，德之本』也。」以順則逆，民無則焉。玄宗曰：「行教以順人心。今自逆之，則下無所法則也。」○司馬光曰：「謂之順則不免於逆，又不可爲法則。」不在於善而皆在玄宗曰：「善，謂身行愛、敬也。凶，謂悖其德、禮也。」雖得之，君子所不貴。於凶德，玄宗曰：「得之，謂幸而有功利。」君子則不然，「言悖其德、禮，雖得志於人上，君子之所不貴也。」○司馬光曰：「思可道而後言，人必信也；思可樂而玄宗曰：「不悖於德、禮也。」言斯可道，行斯可樂，玄宗曰：「立德行義，不違道正，故可尊也；制作事業，動得後行，人必悦也。」德義可尊，作事可法，玄宗曰：「容止，威儀也。必合規矩，則可觀也。進退，動静物宜，故可法也。」容止可觀，進退可度，玄宗曰：「君行六事，臨撫也。不越禮法，則可度也。」以臨其民。是以其民畏而愛之，則而象之，玄宗曰：「上正身以率下，下順其人，則下畏其威、愛其德，皆放象於君也。」故能成其德教而行政令。玄宗曰：「上正身以率下，下順上而法之，則德教成、政令行也。」○司馬光曰：「可道，純正可傳道也。容止，容貌動止也。言皆當極其尊美，使民法之，不爲苟得之功利。」詩云：『淑人君子，其儀不忒。』」玄宗曰：「淑，善也。忒，差也。義取君子威儀不差，爲人法則。」○司馬光曰：「淑，善。忒，差也。言善人君子内德既茂，又有威儀，然後民服其教。」○范祖禹曰：「君子愛親而後愛人，推愛親之心以及人也，夫是之謂順德；敬親而後敬人，推敬親之心以及人也，夫是之謂順禮。若夫有愛心而不知愛親，廼以愛人，是心也，無自而生焉；有敬心而不知敬親，廼以敬人，是心也，亦無自而生焉。無自而生者，無本也，故謂之悖。自内而出者，順也；自外而入者，逆也。不施之親，而施之他人，是不知己之所由生也。以爲順則逆，不可以爲法，故民無則焉。失其本心，則日入於惡，故不在於善，皆在於凶德。雖得志於人上，君子不貴也。君子存其心，修其身，爲順而不悖。『言斯可道』，皆法言也；『行斯可樂』，皆善行也。『德義可尊，作事可法』，所以表儀於民。『容止可觀，進退可度』，德克於內，故禮发於外，美之至也。以此臨民，則民畏其敬而愛其仁，則其儀而象其行。故以德教先民，而無不成；以政令率民，而無不行。詩云：『淑人君子，其儀不忒。』言其德之見於外也。」

子曰：「孝子之事親，居則致其敬，玄宗曰：「平居必盡其敬。」○司馬光曰：「恭己之身，不近危辱。」養則致其樂，玄宗曰：「就養，能致其懽。」○司馬光曰：「樂親之志。」病則致其憂，玄宗曰：「色不滿容，行不正履。」喪則致其哀，玄宗曰：「擗踊哭泣，盡其哀情。」祭則致其嚴。玄宗曰：「齋戒沐浴，明發不寐。」○司馬光曰：「嚴，猶慕也。」五者備矣，然後能事親。玄宗曰：「五者闕一，則未爲能。」事親者居上不驕，玄宗曰：「當莊敬以臨下也。」爲下不亂，玄宗曰：「當恭謹以奉上也。」○司馬光曰：「亂者，干犯上之禁令。」在醜不爭。玄宗曰：「醜，衆也。爭，競也。當和順以從衆也。」○司馬光曰：「醜，類也，謂己之等夷。」居上而驕則亡，爲下而亂則刑，在醜而爭則兵。玄宗曰：「謂以兵刃相加。」○司馬光曰：「爭而不已，必以兵刃相加。」此三者不除，雖日用三牲之養，猶爲不孝也。」玄宗曰：「三牲，太牢也。孝以不毀爲先，言上三事皆可亡身，而不除之，雖日致太牢之養，固非孝也。」○司馬光曰：「三牲，牛、羊、豕，太牢也。三者不除，憂將及親，雖日具太牢之養，庸爲孝乎？」○范祖禹曰：「『居則致其敬』者，舜『夔夔齋慄』，文王『朝於王季日三』是也。『養則致其樂』者，舜以天下養，曾子養志是也。『病則致其憂』者，武王養疾，『文王一飯，亦一飯；文王再飯，亦再飯』是也。喪與祭，孝之終也，備此，然後能事親。『居上不驕，爲下不亂，在醜不爭』，皆恐危其親也。居上而驕，則天子不能保四海，諸侯不能保社稷，故亡。爲下而亂，則入刑之道也。在醜而爭，則興兵之道也。孝莫大於寧親，三者不除，灾必及親。雖能備物以養，猶爲不孝也。」

子曰：「五刑之屬三千，而罪莫大於不孝。玄宗曰：「五刑，謂墨、劓、剕、宫、大辟也。條有三千，而罪之大者，莫過不孝。」○司馬光曰：「『五刑之屬三千』者，異罪同罰，合三千條也。」要君者無上，玄宗曰：「君者，臣之稟命也，而敢要之，是無上也。」○司馬光曰：「君令臣行，所謂順也，而以臣要君，故曰無上。」非聖者無法，玄宗曰：「聖人制作禮法，而敢非之，是無法也。」○司馬光曰：「聖人，道之極、法之原也，而非之，是無法。」非孝者無親，玄宗曰：「善事父母爲孝，而敢非之，是無親也。」○司馬光曰：「父母且不能事，而况他人，其誰親之？」此大亂之道也。」玄宗曰：「言人有上三惡，豈惟不孝，廼是大亂之道。」○司馬光曰：「無上則統紀絶，非法則規矩滅，無親則本根蹷。三者，大亂之所由生也。」○范祖禹曰：「人之善莫大於孝，其惡莫大於不孝。故聖人制刑，不孝之罪爲大。君者，臣之所稟令也，而要之，是無上；聖人者，法之所自出也，而非之，是無法；人莫不有親，而以孝爲非，則是無其父母。

此三者，致天下大亂之道也。聖人制刑以懲夫不孝、要君、非聖之人，所以防天下之亂也。」

子曰：「教民親愛，莫善於孝；司馬光曰：「親愛，謂和睦。」教民禮順，莫善於弟；玄宗曰：「言教人親愛、禮順，無加於孝、悌也。」○司馬光曰：「禮順，有禮而順〔一〕。」移風易俗，莫善於樂；玄宗曰：「風俗移易，先入樂聲。變随人心，正由君德。正之與變，因樂而彰，故曰『莫善於樂』。」○司馬光曰：「蕩滌邪心，納之中和。」安上治民，莫善於禮。玄宗曰：「禮，所以正君臣、父子之别，明男女、長幼之序，故可以安上化下也。」○司馬光曰：「尊卑有序，各安其分，則上安而民治。」禮者，敬而已矣。玄宗曰：「敬者，禮之本也。」○司馬光曰：「將明孝而先言禮者，明禮、孝同術而異名。」故敬其父則子悦，敬其兄則弟悦，敬其君則臣悦，敬一人而千萬人悦。玄宗曰：「居上敬下，盡得懽心，故曰悦也。」○司馬光曰：「天下之父、兄、君，聖人非能偏致其恭。恭一人，則與之同類者千萬人皆悦。」所敬者寡，而悦者衆，此之謂要道。」司馬光曰：「所守者約，所獲者多，非要而何？」○范祖禹曰：「孝於父則能和於親，弟於兄則能順於長，故欲民親愛、禮順，莫如教以孝、弟。樂者，天下之和也；禮者，天下之序也。和，故能移風易俗；序，故能安上治民。夫風俗，非政令之所能變也，必至於有樂，而後

〔一〕順，通志堂本作「非」，據四库本改。

治道成焉。禮，則無所不敬而已。天下至大，萬民至衆，聖人非能徧敬之也。敬其所可敬者，而天下莫不悦矣。故敬人之父，則凡爲人子者，無不悦矣；敬人之兄，則凡爲人弟者，無不悦矣；敬人之君，則凡爲人臣者，無不悦矣。敬一人而千萬人悦者，以此道也。聖人執要以御繁，敬寡而服衆，是以不勞而治道成也。」

子曰：「君子之教以孝也，非家至而日見之也。玄宗曰：「言教不必家到户至，日見而語之，但行孝於内，其化自流於外。」○司馬光曰：「在於施得其要而已。」教以孝，所以敬天下之爲人父者；教以弟，所以敬天下之爲人兄者；玄宗曰：「舉孝、悌以爲教，則天下之爲人子弟者，無不敬其父兄也。」教以臣，所以敬天下之爲人君者。玄宗曰：「舉臣道以爲教，則天下之爲人臣者，無不敬其君也。」○司馬光曰：「天下之父、兄、君，聖人非能身往恭之。修此三道以教民，使民各自恭其長上，則聖人之德無不徧矣。」詩云：『愷悌君子，民之父母。』玄宗曰：「愷，樂。悌，易也。義取君以樂易之道化人，則爲天下蒼生之父母也。」○司馬光曰：「愷，樂。悌，易也。樂易，謂不尚威猛，而貴惠和也。能以三道教民者，樂易之君子也。三道既行，則尊者安乎上，卑者順乎下，上下相保，禍亂不生，非爲民父母而何？」非至德，其孰能順民如此其大者乎？」范祖禹曰：「君子所以教天下，非人人而諭之也，推其誠心而已。故教民孝，則爲父者無不敬之；教民弟，則爲兄者無不敬之；教民臣，則爲君者無不敬之矣。君子所謂教者，孝而已。施於兄，則謂之弟；施於君，則謂之臣，皆出於天性，非由外也。詩云：『愷悌君子，民之父母。』愷以强教之，悌以悦安之，爲民父母惟其職，是教也。父母之於子，未有不愛而教之、樂而安之也。至德者，善之極也。聖人無以加焉，故曰順民，而不曰治民。孝者，民之秉彝，先王使民率性而行之，順其天理而已矣，故不曰治。」

子曰：「昔者明王事父孝，故事天明；事母孝，故事地察；玄宗曰：「王者，父事天，母事地。言能敬事家廟，則事天地能明、察也。」○司馬光曰：「王者，父天母地。事父孝，則知所以事天，故曰明；事母孝，則知所以事地，故曰察。」**長幼順，故上下治。**玄宗曰：「君能尊諸父、先諸兄，則長幼之道順，君人之化理。」○司馬光曰：「長幼者，言乎其家；上下者，言乎其國。能使家之長幼順，則知所以治國之上下矣。」**天地明察，神明彰矣。**玄宗曰：「事天地能明察，則神感至誠，而降福祐，故曰彰也。」○司馬光曰：「神明者，天地之所爲也。王者知所以事天地，則神明之道昭彰可見矣。」**故雖天子必有尊也，言有父也；必有先也，言有兄也。**玄宗曰：「父謂諸父，兄謂諸兄，皆祖考之胤也。禮：君燕族人與父兄，齒也。」**宗廟致敬，不忘親也；**玄宗曰：「言能敬祀宗廟，則不敢忘其親也。」**修身慎行，恐辱親也。**玄宗曰：「天子雖無上於天下，猶修持其身，謹慎其行，恐辱先祖而毁盛業也。」○司馬光曰：「天子至尊，繼世居長，宜若無所施其孝弟然。故舉此四者，以明天子之孝弟也。有尊，謂承事天地；有先，謂尊嚴德齒之人也。」**宗廟致敬，鬼神著矣。**玄宗曰：「事宗廟能盡敬，則祖考來格，享於克誠，故曰著矣。」○司馬光曰：「知所以事宗廟，則其餘事鬼神之道皆可知。」孝弟之至，通於神明，光於四海，無所不通。玄宗曰：「能敬宗廟、順長幼，以極孝悌之心，則至性『通於神明，光於四海』，故曰『無所不通』。」○司馬光曰：「『通於神明』者，鬼神歆其祀而致其福；『光於四海』者，兆民歸其德而服其教。鬼神至幽，四海至遠，然且不違，況其邇者，烏有不通乎？」詩云：『自西自東，自南自北，無思不服。』」玄宗曰：「義取德教流行，莫不服義從化也。」○司馬光曰：「道隆德洽，四方之人無有思爲不服者，言皆服也。」○范祖禹曰：「王者事父孝，故能事天；事母孝，故能事地。事天以事父之敬，事地以事母之愛。明者，誠之顯也。察者，德之著也。明、察，事天地之道盡矣。『長幼順』者，其家道正也。『上下治』者，其君臣嚴也。事父母以格天地，正長幼以嚴朝廷。上達乎天，下達乎地，誠之所至，則神明彰矣。天子者，天下之至尊也。承事天地，以教天下，則以有父也；貴老敬長，以率天下，則以有兄也。『宗廟致敬』，非祭祀而已也。『修身慎行』，恐辱及宗廟也。鬼神之爲德，視之而不見，聽之而不聞，爲之宗廟以存之，則可以著見矣。書曰：『祖考來格。』又曰：『黍稷非馨，明德惟馨。』孝至於此，則鬼神享其誠而致其福，四海服其德而順其行，格於上下，旁燭幽隱。天之所覆，地之所載，日月所照，霜露所墜，無所不通。四方之人，豈有不思服者乎？」

子曰：「君子之事親孝，故忠可移於君；玄宗曰：「以孝事君則忠。」事兄弟，故順可移於長；玄宗曰：「以敬事長則順。」○司馬光曰：「長，謂卿士大夫，凡在己上者也。」居家理，故治可移於官。玄宗曰：「君子所居則化，故可移於官也。」○司馬光曰：「書云：『孝乎惟孝，友於兄弟，克施有政。』」是故行成於内，而名立於後世矣。」玄宗曰：「修上三德於内，名自傳於後代。」○范祖禹曰：「君者，父道也。長者，兄道也。國者，家道也。以事父之心而事君，則忠矣；以事兄之心而事長，則順矣；以正家之禮而正國，則治矣。君子未有孝於親而不忠於君、悌於兄而不順於長、理於家而不治於官者也。故正國之道在治其家，正家之道在修其身，修身之道在順其親，此孝所以爲德之本也。」

子曰：「閨門之内，具禮矣乎。司馬光曰：「宮中之門，其小者謂之閨。禮者，所以治天下之法也。閨門之内，其治至狹然，而治天下之法，舉在是矣。」嚴父，嚴兄，司馬光曰：「事君、事長之禮也。」妻子臣妾猶百姓徒役也。」司馬光曰：「徒役，皂牧。妻子猶百姓，臣妾猶皂牧，御之必以其道，然後上下相安。唐明皇時，議者排毀古文，以閨門一章爲鄙俗不可行。易曰：『正家而天下定。』詩云：『刑於寡妻，至於兄弟，以御於家邦。』與此章所言，何以異哉。」○范祖禹曰：「閨門之内，具治天下之禮也。嚴父則尊君也，嚴兄則敬長也。妻子猶百姓，臣妾猶徒役。國以民爲本，家以妻子爲本。非民無以爲國，非妻與子無以爲家。待妻子以禮，遇臣妾以道，則猶百姓不可不重、徒役不可不知其勞也。易曰：『正家而天下定矣。』孟子曰：『天下之本在國，國之本在家，家之本在身。』一家之治猶天下，天下之大猶一家也。善治者，正身而已矣。」

曾子曰：「若夫慈愛、司馬光曰：「謂養致其樂。慈亦愛也，內則曰『慈以旨甘』。」恭敬、司馬光曰：「謂居致其恭。」安親、司馬光曰：「不近兵刑。」揚名，司馬光曰：「立身行道。」參聞命矣。敢問從父之令可謂孝乎？」玄宗曰：「事父有隱無犯，又敬不違，故疑而問之。」○司馬光曰：「四者包攝上孔子之言。」子曰：「是何言與！是何言與！言之不通也。玄宗曰：「有非而從，成父不義，理所不可，故再言之。」○司馬光曰：「聞令則從，不恤是非。」昔者天子有爭臣七人，雖無道不失其天下；司馬光曰：「天下至大，萬機至重，故必有能爭者及七人，然後能無失也。」諸侯有爭臣五人，雖無道不失其國；大夫有爭臣三人，雖無道不失其家。玄宗曰：「降殺以兩，尊卑之差。爭謂諫也，言雖無道，爲有爭臣，則終不至失天下、亡家國也。」士有爭友，則身不離於令名；玄宗曰：「令，善也。益者三友，言受忠告，故不失其善名。」○司馬光曰：「士無臣，故以友爭。」父有爭子，則身不陷於不義。玄宗曰：「父失則諫，故免陷於不義。」○司馬光曰：「通上下而言之。」故當不義，則子不可以弗爭於父，臣不可以弗爭於君。玄宗曰：「不爭則非忠孝。」故當不義則爭之，從父之令焉得爲孝乎！」范祖禹曰：「父有過，子不可以不爭，爭所以爲孝也；君有過，臣不可以不爭，爭所以爲忠也。子不爭則陷父於不義，至於亡身；臣不爭，則陷君於無道，至於失國。故聖人深戒曾子從父之令：『是何言與！是何言與！』古者天子設四輔及三公、卿大夫、士，皆有諫職。至於瞽獻典，史獻書，師箴，瞍賦，矇誦，百工獻藝，庶人傳言，近臣盡規，親戚補察，耆老教誨，所以救過防失之道，至矣。然而必有爭臣焉，爭者，諫之大者也。諫而不入，則犯顏引義以爭之，不聽則不止。故必有力爭者至於七人，則雖無道猶可以不失天下；諸侯必有五人，廼可以不失其國；大夫必有三人，廼可以不失其家，言爭臣之不可無也。忠臣之事聖君也，諫於無形而止於未然；事賢君也，諫於已然而防其未來；事亂君也，救其橫流而拯其將亡，故有以諫殺身者矣。益戒舜曰：『罔遊於逸，罔淫於樂。』禹戒舜曰：『無若丹朱傲。』以上智之性而戒之如此，惟舜欲聞之，此事聖君者也。傅説之訓高宗，周公之戒成王，救其微失，防其未來，此事賢君也。商以三仁存，亦以三仁亡，此事亂君者也。人君惟能儆戒於無形，受諫於未然，使忠臣不至於爭，則何危亂之有？」

子曰：「君子事上，進思盡忠，玄宗曰：「上，謂君也。進見於君，則思盡忠節。」○司馬光曰：「盡忠以諫諍。」退思補過，玄宗曰：「君有過失，則思補過。」○司馬光曰：「掩上之過惡。」將順其美，玄宗曰：「將，行也。君有美善，則順而行之。」○司馬光曰：「將，助也。上有美，則助順而成之。」匡救其惡，玄宗曰：「匡，正也。救，止也。君有過惡，則正而止之。」○司馬光曰：「上有惡，則正救之。」故上下能相親。玄宗曰：「下以忠事上，上以義接下，君臣同德，故能相親。」○司馬光曰：「凡人事上，進則面從，退有後言。上有美，不能助而成也；有惡，不能救而止也。激君以自高，謗君以自潔[一]，諫以爲身而不爲君也，是以上下相疾，而國家敗矣。」詩云：『心乎愛矣，遐不謂矣。中心藏之，何日忘之？』」玄宗曰：「遐，遠也。義取臣心愛君，雖離左右，不謂爲遠。愛君之志，恒藏心中，無日暫忘也。」○司馬光曰：「遐，遠也。言臣心愛君，不以君疏遠己而忘其忠。」○范祖禹曰：「入則父，出則君。父子天性，君臣大倫，以事父之心而事君，則忠矣。故孔子言孝必及於忠，言事君必本於事父。忠孝者，其本一也，未有舍孝而謂之忠、違忠而謂之孝。『進思盡忠，退思補過，將順其美，正救其惡』，此四者，事君之常道也。昔者禹、益、稷、契之事舜也，進則思所以規諫，退則思所以儆戒。頌君之美而不爲諂[二]，防君之惡，如丹朱傲虐，而不爲激。是故君享其安逸，臣預其尊榮，此上下相親之至也。若夫君有大過則諫，諫而不可則去，此豈所欲哉？蓋不得已也。詩云：『心乎愛矣，遐不謂矣。中心藏之，何日忘之？』夫君子之愛，君雖在遠，猶不忘也，而况於近，可不盡忠益乎？」

子曰：「孝子之喪親，玄宗曰：「生事已畢，死事未見，故發此章。」哭不偯，玄宗曰：「氣竭而息，聲不委曲。」○司馬光曰：「偯，聲餘從容也。」禮無容，玄宗曰：「觸地無容。」言不文，玄宗曰：

[一] 潔，通志堂本原作「絜」，據四庫本改。
[二] 諂，四庫本作「謟」。

「不爲文飾。」○司馬光曰：「皆内憂，不假〔一〕外飾。」**服美不安，**玄宗曰：「不安美飾，故服衰麻。」**聞樂不樂，**玄宗曰：「悲哀在心，故不樂也。」**食旨不甘，**玄宗曰：「旨，美也。不甘美味，故疏食飲水。」○司馬光曰：「甘，美味也。」**此哀慼之情。**○玄宗曰：「謂上六句。」○司馬光曰：「此皆民自有之情，非聖人强之。」**三日而食，教民無以死傷生，**司馬光曰：「禮：三年之喪，三日不食，過三日則傷生矣。」**毁不滅性，**司馬光曰：「滅性，謂毁極失志，變其常性也。」**此聖人之政。**玄宗曰：「不食三日，哀毁過情，滅性而死，皆虧孝道。故聖人制禮施教，不令至於殞滅。」○司馬光曰：「政者，正也。以正義裁制其情。」**喪不過三年，示民有終。**玄宗曰：「三年之喪，天下達禮〔二〕，使不肖跂〔三〕及，賢者俯從。夫孝子有終身之憂，聖人以三年爲制者，使人知有終竟之限也。」○司馬光曰：「孝子有終身之憂，然而遂之，則是無窮也。故聖人爲之立中制節，以爲『子生三年，然後免於父母之懷』，故以三年爲天下之通喪也。」**爲之棺椁衣衾而舉之，**玄宗曰：「周尸爲棺，周棺爲椁。衣，謂斂衣。衾，被也。舉，謂舉尸内於棺也。」○司馬光曰：「舉者，舉以納諸棺也。」**陳其簠簋而哀慼之，**玄宗曰：「簠簋，祭器也。陳奠素器而不見親，故哀

〔一〕假，通志堂本原作「暇」，據四庫本改。
〔二〕禮，通志堂本原作「理」，據四庫本改。
〔三〕跂，通志堂本原作「企」，據四庫本改。

慼也。」○司馬光曰：「謂朝夕奠之。」擗踊哭泣，哀以送之。玄宗曰：「男踊女擗，祖載送之。」○司馬光曰：「謂祖載以之墓也。擗，拊心也。踊，躍也。男踊而女擗。」卜其宅兆而安措之，玄宗曰：「宅，墓穴也。兆，塋域也。葬事大，故卜之。」○司馬光曰：「宅，冢穴也。兆，墓域也。措，置也。」爲之宗廟以鬼享之。玄宗曰：「立廟祔祖之後，則以鬼禮享之。」○司馬光曰：「送形而往，迎精而返，爲之立主以存其神。三年喪畢，遷祭於廟，始以鬼禮事之。」春秋祭祀，以時思之。玄宗曰：「寒暑變移，益用增感。以時祭祀，展其孝思也。」○司馬光曰：「言春秋則包四時矣。孝子感時之變而思親，故皆有祭。」生事愛敬，死事哀慼，生民之本盡矣，死生之義備矣，孝子之事親終矣。」玄宗曰：「愛敬、哀慼，孝行之始終也。備陳死生之義，以盡孝子之情。」○司馬光曰：「夫人之所以能勝物者，以其衆也。所以衆者，聖人以禮養之也。夫幼者，非壯則不長；老者，非少則不養；死者，非生則不藏。人之情莫不愛其親，愛之篤者，莫若父子，故聖人因天之性、順人之情而利導之。教父以慈，教子以孝，使幼者得長，老者得養，死者得藏。是以民不夭折、棄捐，而咸遂其生日以繁息，而莫能傷。不然，民無爪牙、羽毛以自衛，其殄滅也，必爲物先矣。故孝者，生民之本也。」○范祖禹曰：「古者葬之中野，厚衣之以薪，喪期無數。後世聖人爲之中制，中則欲其可繼也，繼則欲其可久也，措之天下而人共守焉。聖人未嘗有心於其間，此法之所以不廢也。是故苴衰之服，饘粥之食，顔色之慼，哭泣之哀，皆出於人情。不安於彼而安於此，非聖人强之也。三日而食，三年而除，上取象於天，下取法於地，不以死傷生，毀不滅性，此因人情而爲之節者也。死者，人之大變也。爲之棺椁者，爲使人勿惡也；擗踊哭泣，爲使人勿背也；措之宅兆，爲使人勿褻也；春秋祭祀，爲使人勿忘也。情文盡於此矣，所以常久而不廢也。夫有生者必有死，有始者必有終。『生，事之以禮；死，葬之以禮，祭之以禮』，則可謂孝矣。『事死如事生，事亡如事存』者，孝之至也。」

孝經刊誤附語類孝經

孝經刊誤古、今文有不同者，別見考異。

宋朱子　編

仲尼閒居，曾子侍坐。子曰：「參，先王有至德要道以順天下，民用和睦，上下無怨。汝知之乎？」曾子避席，曰：「參不敏，何足以知之？」子曰：「夫孝，德之本也，教之所由生。復坐，吾語汝。身體髮膚，受之父母，不敢毀傷，孝之始也；立身行道，揚名於後世，以顯父母，孝之終也。夫孝，始於事親，中於事君，終於立身。大雅云：『無念爾祖，聿修厥德。』」子曰：「愛親者，不敢惡於人；敬親者，不敢慢於人。愛敬盡於事親，而德教加於百姓，刑於四海，蓋天子之孝。甫刑云：『一人有慶，兆民賴之。』在上不驕，高而不危；制節謹度，滿而不溢。高而不危，所以長守貴；滿而不溢，所以長守富。富貴不離其身，然後能保其社稷而和其民人，蓋諸侯之孝。詩云：『戰戰兢兢，如臨深淵，如履薄冰。』非先王之法服不敢服，非先王之法言不敢道，非先王之德行不敢行。是故非法不言，非道不行；口無擇言，身無擇行；言滿天下無口過，行滿天下無怨惡。三者備矣，然後能守其宗廟，蓋卿大夫之孝也。詩云：『夙夜匪懈，以事一人。』資於事父以事母，而愛同；資於事父以事君，而敬同。故母取其愛，而君取其敬，兼之者父也。故以孝事君則忠，以敬事長則順。忠順不失以事其上，然後能保其爵祿而守其祭祀，蓋士之孝也。詩云：『夙興夜寐，無忝爾所生。』」子曰：「用天之道，因地之利，謹身節用，以養父母，此庶人之孝也。故自天子以下，至於庶人，孝無終始，而患不及者，未之有也。」

此一節，夫子、曾子問答之言，而曾氏門人之所記也。疑所謂孝經者，其本文止如此。其下則或者雜引傳記以釋經文，迺孝經之傳也。竊嘗考之，傳文固多傅會，而經文亦不免有離析增加之失。顧自漢以來，諸儒傳誦，莫覺其非。至或以爲孔子之所自著，則又可笑之尤者。蓋經之首統論孝之終始，中迺敷陳天子、諸侯、卿大夫、士、庶人之孝，而其末結之曰：「故自天子以下，至於庶人，孝無終始，而患不及者，未之有也。」其首尾相應，次第相承，文勢連屬，脈絡通貫，同是一時之言，無可疑者。而後人妄分以爲六、七章，今文作六章，古文作七章。又增「子曰」，及引詩、書之文以雜乎其間，使其文意分斷間隔，而讀者不復得見聖言全體大義，爲害不細。故今定此六、七章者合爲一章，而删去「子曰」者二，引書者一，引詩者四，凡六十一字，以復經文之舊。其傳文之失，又别論之如左方。

曾子曰：「甚哉！孝之大也。」子曰：「夫孝，天之經，地之義，民之行。天地之經，而民是則之。則天之明，因地之義，以順天下，是以其教不肅而成，其政不嚴而治。先王見教之可以化民也，是故先之以博愛而民莫遺其親，陳之以德義而民興行，先之以敬讓而民不争，導之以禮樂而民和睦，示之以好惡而民知禁。詩云：『赫赫師尹，民具爾瞻。』」

此以下皆傳文。而此一節蓋釋「以順天下」之意，當爲傳之三章，而今失其次矣。但自其章首以至「因地之義」，皆是春秋左氏傳所載子太叔爲趙簡子道子産之言，惟易「禮」字爲「孝」字，而文勢反不若彼之通貫，條目反不若彼之完備。明此襲彼，非彼取此，無疑也。子産曰：「夫禮，天之經，地之義，民之行也。天地之經，而民實則之。則天之明，因地之性。」其下便陳天明、地性之目，與其所以則之、因之之實。然後簡子贊之曰：「甚哉！禮之大也。」首尾通貫，節目詳備，與此不同。其曰「先王見教之可以化民」，又與上文不相屬，故温公改「教」爲「孝」，廼得粗通。而下文所謂「德義」「敬讓」「禮樂」「好惡」者，却不相應，疑亦裂取他書之成文，而强加裝綴以爲孔子、曾子之問答，但未見其所出耳。然其前段，文雖非是，而理猶可通，存之無害。至於後段，則文既可疑，而謂聖人見孝可以化民而後以身先之，於理又已悖矣。况「先之以博愛」亦非立愛惟親之序，若之何而能使民不遺其親耶？其所引詩亦不親切。今定「先王見教」以下凡六十九字並删去。

子曰：「昔者明王之以孝治天下也，不敢遺小國之臣，而况於公侯伯子男乎？故得萬國之懽心，以事其先王。治國者不敢侮於鰥寡，而况於士民乎？故得百姓之懽心，以事其先君。治家者不敢失於臣妾，而况於妻子乎？故得人之懽心，以事其親。夫然，故生則親安之，祭則鬼享之，是以天下和平，災害不生，禍亂不作，故明王之以孝治天下如此。詩云：『有覺德行，四國順之。』」

此一節釋「民用和睦，上下無怨」之意，爲傳之四章。其言雖善，而亦非經文之正意。蓋經以孝而和，此以和而孝也。引詩亦無甚失，且其下文語已更端，無所隔礙，故今且得仍舊耳。後不言合删改者放此。

曾子曰：「敢問聖人之德，其無以加於孝乎？」子曰：「天地之性人爲貴。人之行莫大於孝，孝莫大於嚴父，嚴父莫大於配天，則周公其人也。昔者周公郊祀后稷以配天，宗祀文王於明堂以配上帝，是以四海之内各以其職來助祭。夫聖人之德，又何以加於孝乎？

故親生之膝下，以養父母日嚴。聖人因嚴以教敬，因親以教愛。聖人之教不肅而成，其政不嚴而治，其所因者本也。」

此一節釋「孝，德之本」之意，傳之五章也。但嚴父配天，本因論武王、周公之事而贊美其孝之詞，非謂凡爲孝者皆欲如此也。又況孝之所以爲大者，本自有親切處，而非此之謂乎？若必如此而後爲孝，則是使爲人臣子者皆有今將之心，而反陷於大不孝矣。作傳者但見其論孝之大，即以附此，而不知其非所以爲天下之通訓。讀者詳之，不以文害意焉可也。其曰「故親生之膝下」以下，意却親切，但與上文不屬，而與下章相近，故今文連下二章爲一章。但下章之首語已更端，意亦重複，不當通爲一章。此語當依古文，且附上章，或自別爲一章可也。

子曰：「父子之道天性，君臣之義。父母生之，續莫大焉；君親臨之，厚莫重焉。」子曰：「不愛其親而愛他人者，謂之悖德；不敬其親而敬他人者，謂之悖禮。以順則逆，民無則焉。不在於善而皆在於凶德，雖得之，君子所不貴。君子則不然，言斯可道，行斯可樂，德義可尊，作事可法，容止可觀，進退可度，以臨其民。是以其民畏而愛之，則而象之，故能成其德教而行政令。詩云：『淑人君子，其儀不忒。』」

此一節釋「教之所由生」之意，傳之六章也。古文析「不愛其親」以下別爲一章，而各冠以「子曰」。今文則合之，而又通上章爲一章，無此二「子曰」字，而於「不愛其親」之上加「故」字。今詳此章之首，語實更端，當以古文爲正。「不愛其親」語意正與上文相續，當以今文爲正。至「君臣之義」之下，則又當有斷簡焉，今不能知其爲何字也。「悖禮」以上皆格言，但「以順則逆」以下，則又雜取左傳所載季文子、北宮文子之言，與此上文既不相應，而彼此得失又如前章所論子產之語，今刪去凡九十字。季文子曰：「以訓則昏，民無則焉，不度於善而皆在於凶德，是以去之。」北宮文子曰：「君子在位可畏，施舍可愛，進退可度，周旋可則，容止可觀，作事可法，德行可象，聲氣可樂，動作有文，言語有章，以臨其下。」

子曰：「孝子之事親，居則致其敬，養則致其樂，病則致其憂，喪則致其哀，祭則致其嚴。五者備矣，然後能事親。事親者居上不驕，爲下不亂，在醜不爭。居上而驕則亡，爲下而亂則刑，在醜而爭則兵。此三者不除，雖日用三牲之養，猶爲不孝也。」

此一節釋「始於事親」及「不敢毀傷」之意，迺傳之七章，亦格言也。

子曰：「五刑之屬三千，而罪莫大於不孝。要君者無上，非聖人者無法，非孝者無親，此大亂之道也。」

此一節因上文「不孝」之云而繫於此，迺傳之八章，亦格言也。

子曰：「教民親愛，莫善於孝；教民禮順，莫善於弟；移風易俗，莫善於樂；安上治民，莫善於禮。禮者，敬而已矣。故敬其父則子悦，敬其兄則弟悦，敬其君則臣悦，敬一人而千萬人悦。所敬者寡而悦者衆，此之謂要道。」

此一節釋「要道」之意，當爲傳之二章。但經所謂「要道」，當自己而推之，與此亦不同也。

子曰：「君子之教以孝也，非家至而日見之也。教以孝，所以敬天下之爲人父者；教以悌，所以敬天下之爲人兄者；教以臣，所以敬天下之爲人君者。詩云：『愷悌君子，民之父母。』非至德，其孰能順民如此其大者乎？」

此一節釋「至德」「以順天下」之意，當爲傳之首章。然所論「至德」，語意亦疏，如上章之失云。

子曰：「昔者明王事父孝，故事天明；事母孝，故事地察；長幼順，故上下治。天地明察，神明彰矣。故雖天子必有尊也，言有父也；必有先也，言有兄也。宗廟至敬，不忘親也；修身慎行，恐辱先也。宗廟致敬，鬼神著矣。孝悌之至，通於神明，光於四海，無所不通。詩云：『自西自東，自南自北，無思不服。』」

此一節釋「天子之孝」，有格言焉，當爲傳之十章。或云宜爲十二章。

子曰：「君子之事親孝，故忠可移於君；事兄悌，故順可移於長；居家理，故治可移於官。是故行成於内，而名立於後世矣。」

此一節釋「立身揚名」及「士之孝」，傳之十一章也。或云宜爲九章。

子曰：「閨門之内，具禮矣乎。嚴父，嚴兄，妻子臣妾猶百姓徒役也。」

此一節因上章三「可移」而言，傳之十二章也。嚴父，孝也；嚴兄，悌也；妻子臣妾，官也。或云宜爲十章。

曾子曰：「若夫慈愛恭敬，安親揚名，參聞命矣。敢問從父之令可謂孝乎？」子曰：「是何言與！是何言與！昔者天子有爭臣七人，雖無道不失其天下；諸侯有爭臣五人，雖無道不失其國；大夫有爭臣三人，雖無道不失其家。士有爭友，則身不離於令名；父有爭子，則身不陷於不義。故當不義，則子不可以弗爭於父，臣不可以弗爭於君。故當不義則爭之，從父之令又焉得爲孝乎？」

此不解經而別發一義，宜爲傳之十三章。

子曰：「君子事上，進思盡忠，退思補過，將順其美，匡救其惡，故上下能相親。詩曰：『心乎愛矣，遐不謂矣。中心藏之，何日忘之。』」

此一節釋「中於事君」之意，當爲傳之九章，或云宜爲十一章。因上章「爭臣」而誤屬於此耳。「進思盡忠，退思補過」，亦左傳所載士貞子語。然於文理無害，引詩亦足以發明移孝事君之意，今並存之。

子曰：「孝子之喪親，哭不偯，禮無容，言不文，服美不安，聞樂不樂，食旨不甘，此哀慼之情。三日而食，教民無以死傷生，毁不滅性，此聖人之政。喪不過三年，示民有終。爲之棺槨衣衾而舉之，陳其簠簋而哀慼之，擗踊哭泣，哀以送之。卜其宅兆而安措之，爲之宗廟以鬼享之。春秋祭祀，以時思之。生事愛敬，死事哀慼，生民之本盡矣，死生之義備矣，孝子之事親終矣。」

傳之十四章，亦不解經而别發一義，其語尤精約也。

熹舊見衡山胡侍郎論語説，疑孝經引詩非經本文，初甚駭焉，徐而察之，始悟胡公之言爲信，而孝經之可疑者不但此也。因以書質之沙隨程可久丈。程答書曰，頃見玉山汪端明亦以爲此書多出後人傅會，於是乎知前輩讀書精審，其論固已及。又竊竊自幸有所因述而得免於鑿空妄言之罪也。因欲掇取他書之言可發此經之旨者，别爲外傳，如冬温夏凊、昏定晨省之類，即附始於事親之傳。顧未敢耳。淳熙丙午八月十二日記。孔叢子亦僞書，而多用左氏語者。但孝經相傳已久，蓋出於漢初左氏未盛行之時，不知何世何人爲之也。孔叢子叙事至東漢，然其詞氣甚卑近，亦非東漢人作。所載孔臧兄弟往書疏，正類西京雜記中僞造漢人文章，西京雜記之繆，匡衡傳注中顔氏已辨之，可考。皆甚可笑。所言不肯爲三公等事，以前書考之亦無其實，而通鑑皆誤信之，其他此類不一。欲作一書論之而未暇也，姑記於此云。

欽定四庫全書
朱子語類卷八十二
孝經

因說孝經是後人綴緝，問：「此與尚書同出孔壁？」曰：「自古如此說。且要理會道理是與不是。適有問重卦并象、象者，某答以且理會重卦之理，不必問此是誰作、彼是誰作。」因言：「學者却好聚語、孟、禮、書言孝處，附之於後。」士毅

問：「孝經一書，文字不多，先生何故不爲理會過？」曰：「此亦難說。據此書，只是前面一段是當時曾子聞於孔子者，後面皆是後人綴緝而成。」問：「如『天地之性人爲貴。人之行莫大於孝』，恐非聖人不能言此。」曰：「此兩句固好。如下面說『孝莫大於嚴父，嚴父莫大於配天』，則豈不害理？儻如此，則須是如武王、周公方能盡孝道，尋常人都無分盡孝道也，豈不啓人僭亂之心？其中煞有左傳及國語中言語。」或問：「莫是左氏引孝經中言語否？」曰：「不然。其言在左氏傳、國語中，即上下句文理相接，在孝經中却不成文

理。見程沙隨説，向時汪端明亦嘗疑此書是後人僞爲者。」廣

「古文孝經亦有可疑處。自天子章到『孝無終始而患不及者，未之有也』，便是合下與曾子説底通爲一段。只逐章除了後人所添前面『子曰』及後面引詩，便有首尾，一段文義都活。自此後却似不曉事人寫出來，多是左傳中語。如『以順則逆，民無則焉。不在於善而皆在於凶德』，是季文子之辭，却云『雖得之，君子所不貴』，不知論孝却得箇甚底，全無交涉。如『言斯可道，行斯可樂』一段，是北宮文子論令尹之威儀，在左傳中自有首尾，載入孝經都不接續，全無意思。只是雜史傳中胡亂寫出來，全無義理，疑是戰國時人鬭湊出者。」

又曰：「胡氏疑是樂正子春所作。樂正子春自細膩，却不如此説。」僩

「古文孝經却有不似今文順者。如『父母生之，續莫大焉』，又著一箇『子曰』字，方説『不愛其親而愛他人者，謂之悖德』，兼上更有箇『子曰』，亦覺無意思。此本是一段，以『子曰』分爲三，恐不是。温公家範以父子、兄弟、夫婦等分門，却成一箇文字，但其間有欠商量未通行者耳。本作一段聯寫去，今印者分作小段，無意思。伯恭閫範無倫序，其所編書多是如此。」賀孫

「孝經疑非聖人之言，且如『先王有至德要道』，此是説得好處。然下面都不曾説得切要處著，但説得孝之效如此。如論語中説孝，皆親切有味，都不如此。士、庶人章説得更好，只是下面都不親切。」賜

問：「向見先生説：『孝莫大於嚴父，嚴父莫大於配天』，非聖人之言。必若此而後可以爲孝，豈不啓人僭亂之心。而中庸説舜、武王之孝，亦以『尊爲天子，富有四海之内』言之，如何？」曰：「中庸是著舜、武

王言之，何害？若汎言人之孝而以此爲説，則不可。」廣

器之問「嚴父配天」。曰：「『嚴父』只是周公於文王如此稱纔是，成王便是祖，此等處儘有理會不得處。大約必是郊時是后稷配天，明堂則以文王配帝。孝經亦是湊合之書，不可盡信，但以義起，亦是如此。」因説：「孝經只有前一段，後皆云『廣至德』『廣要道』都是湊合來演説前意，但其文多不全。只是諫諍、五刑、喪親三篇，稍是全文。如『配天』等説，亦不是聖人説孝來歷，豈有人人皆可以配天？豈有必配天斯可以爲孝？如禮記煞有好處，可附於孝經。」賀孫問：「恐後人湊合成孝經時，亦未必見禮記。如曲禮、少儀之類，猶是説禮節。若祭義後面許多説孝處，説得極好，豈不可爲孝經？」曰：「然。今看孝經中有得一段似這箇否？」賀孫

問：「『郊祀后稷以配天，宗祀文王於明堂以配上帝』，此説如何？」曰：「此自是周公創立一箇法如此，將文王配明堂永爲定例，以后稷郊推之自可見。後來妄將『嚴父』之説亂了。」賜

問：「配天、配上帝，帝只是天，天只是帝，却分祭何也？」曰：「爲壇而祭，故謂之天；祭於屋下而以神祇祭之，故謂之帝。」㝢

「『明』『察』是彰著之義。能事父孝，則事天之理自然明；能事母孝，則事地之理自然察。」道夫

孝經大義

孝經大義序

孔門之學，惟曾氏得其宗。曾氏之書有二，曰大學，曰孝經，經傳章句頗亦相似。學以大學爲本，行以孝經爲先，自天子至庶人，壹也。堯典一篇，大學、孝經之準〔一〕也。自「克明峻德」以至親睦九族，極而百姓之昭明，萬邦之於變，大學之序也。孝之爲道，蓋已具於親睦九族之中矣。何也？一本故也。自是舜以克孝而徽五典，禹以致孝而叙彝倫，伊尹述成湯之德，一則曰「立愛惟親」，二則曰「奉先思孝」。人紀之修，孰大乎是？文、武、周公帥是而行，備見於記、禮所載。上而宗廟之享，下而子孫之保，其爲孝蔑有加焉。功化之盛，至使四海之内人人親其親、長其長，一鱗毛、一芽甲之微無不得所。嗚

〔一〕準，明曆本作「祖」。

呼！二帝三王之教可謂大矣。孝經一書即其遺法也。

世入春秋，皇綱解紐〔一〕，孔子傷之，三復昔者明王孝治之言，思之深、望之切矣。誠使天子、公、卿躬行其〔二〕上，凡禮、樂、刑、政之具，壹是以孝爲本。則斯道也，固天性之自然，人心之固有。一轉移間，王道顧不易易乎。惜也，徒託之空言，而僅見於門人記録之書也。書存而道可舉，雖不能行之一時，猶可詔之來世。今此經之可考者，不過漢藝文志而已，而其篇次則顏注古文二十二章，孔壁所藏本也。今文一十八章，河間〔三〕王所得顏芝本，而劉向之所參較〔四〕者也。要之，出於諸儒傅會，皆非曾氏門人所記舊文矣。唐玄宗開元敕議，意非不美，而司馬貞淺學陋識，并以閨門一章去之，卒啟玄宗無禮無度之禍。而其所製序文，至以禮爲外飾之所資，仁義爲後來之漸有，不知所謂「因心之孝」

〔一〕解紐，明曆本作「紐解」。
〔二〕其，四庫本作「於」。
〔三〕間，通志堂本作「閒」。
〔四〕較，明曆本作「校」。

者，果何所因而又何自而萌乎。學之不講，德之不修，一至於此。

桓桓〔一〕文公特起南夏，平生精力用工易、四書爲多，至此書則僅成刊誤一編，注釋大義猶有所未及。噫！人子不可斯須忘孝，則此經爲天子至庶人一日不可無之書。章句已明而文義猶闕，顧非一大欠事乎？蓋嘗有志彙集諸家傳注，以明一經而未果。一日，余友胡庭芳挈其高弟〔二〕董真卿訪予〔三〕雲谷山中，手攜孝經大義一書，取而閱之，則其家君深山先生董君季亨父所輯也。其書爲初學設，故其詞皆明白而切實，熟玩之則義味〔四〕精深，又有非淺見謏聞所能窺者。族兄明仲敬爲刊之書塾，以廣其傳。此豈惟學者修身齊家之要，而有國、有天下者亦豈能外是而他有化民成俗之道哉？噫！滕五十里國耳，其君一

〔一〕桓桓，四庫本作「我徽國」。
〔二〕弟，通志堂本作「第」，據四庫本和明曆本改。
〔三〕予，明曆本作「余」。
〔四〕味，明曆本作「趣」。

用之，至於四方，草偃風動一時，行事猶斑斑〔二〕有三代之風，學問之功用固如此。晉武、魏文亦天資之美者，惜諸臣無識，不能有以啓道而克〔三〕大之。悠悠蓋壤，此經之廢蓋千五百餘年，人心秉彝，極天罔墜，豈無有能講而行之者？誠有以二帝三王之心爲心，則必以二帝三王之教爲教矣。「仁，人心也」，學所以求仁，而孝則行仁之本也。語曰：「如有王者，必世而後仁。」愚何幸，身親見之！

歲在乙巳陽復之月，前進士武夷熊禾序，時大德之九年也。

朱文公作孝經刊誤，以古文爲經一章，傳十四章，合一千七百八十字。內删去二百二十三字。

經一章　今文開宗明義章第一至庶人章第六合爲一章

傳之首章　今文廣至德章第十三

傳之二章　今文廣要道章第十二

〔二〕斑斑，四庫本和明曆本均作「班班」。
〔三〕克，明曆本作「充」。

傳之三章　今文三才章第七
傳之四章　今文孝治章第八
傳之五章　今文聖治章第九上一節
傳之六章　聖治章下一節
傳之七章　今文紀孝行章第十
傳之八章　今文五刑章第十一
傳之九章　今文事君章第十七
傳之十章　今文感應章第十六
傳之十一章　今文廣揚名章第十四
傳之十二章　古文閨門章
傳之十三章　今文諫爭章第十五
傳之十四章　今文喪親章第十八

孝經大義 文公刊誤古文

元董鼎注

孝經善事父母爲孝，人之行莫大於孝。堯、舜，大聖人也，其道不過孝悌而已。禹、湯、文、武、周公傳之孔子，壹以此道。此書迺曾子聞於孔子，而曾子門人又以所聞於曾子者合而記之，以爲一經。上自天子，下至庶人，皆當受用。近之閨門妻子、兄弟長幼，遠之天地鬼神、四海百姓，皆自此推之。經，常也。名之曰孝經者，以其可爲天下萬世常法也。

仲尼閒居，曾子侍坐。子曰：「參，先王有至德要道以順天下，民用和睦，上下無怨。汝知之乎？」

「閒」字[一]、「坐」字、「參」字，今文無。○仲尼，孔子字，名丘。曾子，孔子弟子，名參，字子輿。稱子者，尊之也，此書曾子門人所記也。孔子稱字，曾子稱名，師弟子之義也。閒居，燕居之時也。仲尼呼曾子

[一] 閒字，明曆本前有「閒音閑」。

之名，而語之以古先聖王之所以治天下，自有極至之德、切要之道以順其心，故天下之民以此和協而親睦，上下舉無所怨，汝其知之否乎？蓋天下之怨每生於不和，不和之患常起於不順。今有一箇道理，能使之和順而無怨，誠學者所當知也。引而不發，重其事而未欲遽言之也。德者，人心所得於天之理，仁、義、禮、智、信是也。此五者皆謂之德，而此獨舉其德之至。道者，事物當然之理皆是，而其大目則父子也，君臣也，夫婦也，昆弟也，朋友之交也。此五者即仁、義、禮、智之性率而行之，以爲天下之達道者也，皆謂之道，而此獨舉其道之要。道也，德也，一理也，見於通行者謂之道，本於自得者謂之德，德之至即所以爲道之要。順者，不過因人心天理所固有，而非有所强拂爲之也。

曾子辟席，曰：「參不敏，何足以知之？」

辟，音避。○禮，師有問，避〔一〕席起對。曾子見孔子，舉其德而曰「至德」，舉其道而曰「要道」，其事重大，故辟席而起，辭讓而對。

子曰：「夫孝，德之本也，教之所由生。

「生」下今文有「也」字。○夫，音扶。〔二〕○至此方言出一「孝」字，即所謂「至德要道」也。仁、義、

〔一〕避，明曆本作「辟」。
〔二〕夫音扶，明曆本在「生下今文」之前。

禮、智雖皆謂之德，而仁爲本心之全德。仁主於愛，愛莫大於愛親，故孝爲德之至。父子、君臣、夫婦、兄弟、朋友之交，五者雖皆謂之道，而親生膝下，行之最先，故子孝於父獨爲道之要。本，猶根也。行仁必自孝始，君子「親親而仁民，仁民而愛物」，一念之發，生生不窮，猶木之有根也。聖人以五常之道立教，本立則道生。移之以事君則忠矣，資之以事長則順矣，施之於閨門則夫婦和矣，行之於鄉黨則朋友信矣。充拓得去，舉天下之大，無一物而不在吾仁之中，無一事而不自吾孝中出，故曰「教之所由生」。

復坐，吾語汝。身體髮膚，受之父母，不敢毀傷，孝之始也；立身行道，揚名於後世，以顯父母，孝之終也。夫孝，始於事親，中於事君，終於立身。

語，去聲。夫，音扶。○孝之義甚大，而其爲説甚長，非立談可盡，故使復位而坐，而詳以告之。孝以守身爲大。身者，親之枝也。舉其大而言之，則一身四體；舉其細而言之，則毛髮肌膚。此皆受之於父母者，父母全而生之，我當全而歸之。爲人子者，愛重其身而不敢少有毀傷，此迺孝之始事也。至於能立其身，能行其道，不惟自揚其名，而又以顯其父母，此則孝之終事也。故夫所謂孝者，「始於事親」爲孝子，「中於事君」爲忠臣，忠孝兩盡則「終於立身」，爲全人矣。蓋孝者，五常之本，百行之源也。未有孝而不仁者也，未有孝而不義者也，未有孝而無禮、無智、無信者也。以之事君則忠，以之事兄則悌，以之治民則愛，以之撫幼則慈，一孝立而萬善從之。始言保身之道，終言立身之道，蓋「不敢毀傷」者，但是不虧其體而已，必不虧其行，而後方可言立身，故以是終之。

愛親者，不敢惡於人；敬親者，不敢慢於人。愛敬盡於事親，而德教加於百姓，刑於四海，蓋天子之孝。

惡，去聲。○親，謂父母也。愛者，仁之端。敬者，禮之端。惡者，愛之反。慢者，敬之反。德教，謂至德之教。刑，儀刑也。孔子既言孝者，德之本，教之所由生，於是首言「天子之孝」。天子者，又德教之所自出也。爲天子而愛其親者，必於人無不愛，而不敢有所惡於人；敬其親者，必於人無不敬，而不敢有所慢於人。我之愛既盡，則人亦興於仁，而知所愛矣；我之敬既盡，則人亦興於禮，而知所敬矣。夫如是，則四海之大，百姓之衆，皆知有所視傚而同歸於孝矣，此蓋天子之孝當如是也。天子者，天下之表也。上行之，則下傚〔一〕之；君好之，則民從之。天子所以愛敬其親者如此，其至，則下之人所以愛敬其親者亦莫敢不至。况「孩提之童，無不知愛其親，及其長也，無不知敬其兄」。愛親敬兄，本人心天理之固有，天子亦順其所固有而利導之耳，安有感之而不應、倡之而不和者哉？所謂先王有「至德要道」，「民用和睦，上下無怨」者如此。

在上不驕，高而不危；制節謹度，滿而不溢。高而不危，所以長守貴；滿而不溢，

〔一〕傚，明曆本作「效」。

所以長守富。富貴不離其身，然後能保其社稷而和其民人，蓋諸侯之孝。

「守貴」「守富」「之孝〔一〕」下今文各有「也」字。○離，去聲。〔二〕○在上，在一國臣民之上。驕，矜肆也。高，居尊位也。危，不安也。制節，制財用之節。謹度，謹守法度也。滿，處富足也。溢，涌泛也。位尊曰貴，財足曰富。社稷，國之主也。諸侯初受封，則天子賜之土，使歸其國而立社稷。以社主土，稷主穀，民生所賴以安養者也。諸侯在一國臣民之上，而不敢自驕，則身雖居高而不至於危殆不安矣。制節財用，謹守法度，則財雖盛滿而不至於涌泛蕩溢矣。居高位而不危，則不失其位之貴，是所以長守此貴也。處盛滿而不溢，則不失其財之富，是所以長守此富也。富與貴常不離其身，如此然後方〔三〕能保有其社稷，而和調其民人，此蓋諸侯之孝當如是也。蓋自其始封之君受命於天子，而有民人、有社稷以傳之子孫。所謂「國君積行累功以致爵位」，豈易而得之哉？則爲諸侯之先公者，其身雖没，其心猶願有賢子孫，世世守之而不失也。爲其子孫者，果若循理奉法，足以長守其富貴，則能保先公之社稷，和先公之民人矣。諸侯之所以爲孝者，莫大於此。如其不念先公積累之艱勤，恣爲驕奢，至於危溢以失其富貴，而不能保其社稷民人，則不孝莫甚焉，此諸侯所當戒也。

非先王之法服不敢服，非先王之法言不敢道，非先王之德行不敢行。是故非法不言，

〔一〕孝，明曆本作「字」。

〔二〕離去聲，明曆本在「守貴守富」之前。

〔三〕方，四庫本作「迺」。

非道不行；口無擇言，身無擇行；言滿天下無口過，行滿天下無怨惡。三者備矣，然後能守其宗廟，蓋卿大夫之孝也。

「德行」「擇行」「行滿」之「行」，並去聲。惡，去聲。○法服，法度之服。先王制禮，異章服以別品秩，卿有卿之服，大夫有大夫之服。法言，法度之言。德行，心有實得而見之躬行者也。無擇，謂言行皆遵法合道，而無可選擇也。爲卿大夫者當遵守禮法，謹修德行。「非先王之法服不敢服」，惟恐服之不衷〔一〕，身之灾也；「非先王之法言不敢道」，惟恐言輕而招辜也；「非先王之德行不敢行」，惟恐行輕而招辱也。以此之故，非法則不言，言則必合法；非道則不行，行則必中道。出於口者既無可擇之言，行於身者亦無可擇之行，是以言之多至於徧滿天下而無口過，行之多至於徧滿天下而無怨惡。服法服，道法言，行德行，三者既全備矣，然後上無得罪於君，下無得罪於民，斯能長守其宗廟，以奉其先祖之祭祀矣，此蓋卿大夫之孝道也。古者宗廟之制，天子七廟，諸侯五廟，大夫三廟，卿與大夫同。若服非法之服，是僭也；道非法之言，是妄也；行非德之行，是僞也。三者有其一，則不免於罪，而宗廟有所不能守矣，故以是言之。卿大夫，通王朝、侯國之卿大夫而言，卿之上有公，即諸侯也。

資於事父以事母，而愛同；資於事父以事君，而敬同。故母取其愛，而君取其敬，兼

〔一〕衷，明曆本作「中」。

之者父也。故以孝事君則忠，以敬事長則順。忠順不失以事其上，然後能保其爵禄而守其祭祀，蓋士之孝也。

長，上聲。○資，取也。取事父之道以事母，其愛母則同於愛父，雖未嘗不敬也，而以愛爲主，以父主義，母主恩故也。取事父之道以事君，其敬君則同於敬父，雖未嘗不愛也，而以敬爲主，以君臣之際，義勝恩故也。以此之故，事母取其愛，事君取其敬，合愛與敬而兼之者，惟父然也。故由是，移事父之孝以事君，則爲忠矣；移事父之敬以事長，則爲順矣。盡其忠順而不失其道，以此事其上，然後能常安其禄位，永守其祭祀矣，此蓋士之孝當如是也。君言社稷，卿大夫言宗廟，士言祭祀，各以其所事爲重也。庶人薦而不祭，又非士之比矣。此章蓋言人必有本，父者，生之本也。愛與敬，父兼之，所以致隆於父，一本故也。致一而後能誠，知本而後能孝，故移孝以事君則爲忠，移敬以事長則爲順，能保爵禄而守祭祀，豈不宜哉？士，事也，自一命以上皆有所事，故名曰士。士有上、中、下三，初命爲下士，等而上之爲中士、上士。

用天之道，因地之利，謹身節用，以養父母，此庶人之孝也。

養，去聲。○天之道，謂天道流行，爲春、夏、秋、冬四時之運也。地之利，謂土地生植農桑之利也。謹身者，謹修其身，不妄爲也。節用者，省節財用，不妄費也。庶人未受命爲士，既不得以事君，所事者惟父母而已，故以養〔一〕父母爲孝。然養父母在於足衣食，足衣食在於務農桑，務農桑又在於順時令、别土宜。天之道，春生、夏長、秋斂、冬閉，我則以春耕，以夏耘，以秋收、冬藏。用天之道如此，則順時令矣。地之利，高、下、燥、濕，各有宜植，我則或禾、黍，或秔、稻，或菽、麥、桑、麻。因地之利如此，則别土宜矣。蓋順天道而不辨地利，則物無以成；辨地利而不順天道，則物無以生。必天道、地利二者皆得，而後生植成，遂有以足於衣食矣。衣食既足，又必謹其身而不敢放縱，節其用而不敢奢侈。唯〔二〕恐縱肆則犯禮，而自陷於刑戮；侈用則傷財，而不免於饑寒。常以此爲心，則所以養其父母者，不徒養口體有餘，而養志亦無不足矣，此則庶人之孝所當然也。庶人，泛指衆人，學爲士而未受命，與農、工、商賈之屬皆是也。

故自天子已下，至於庶人，孝無終始，而患不及者，未之有也。

「已下」二字今文無。「於」今文作「于」。○唐玄宗云：「五孝之用則别，而百行之源不殊。」自天子而下爲諸侯，爲卿大夫，爲士，爲庶人，凡五等也。夫子既條陳五孝之用，而具言孝道之極至，則天子可以刑四海，諸侯可以保社稷，卿大夫可以守宗廟，士可以守祭祀，庶人可以養父母。其必致〔三〕之效有如此者，聞者亦宜有以自勸矣。然猶恐其信道之不篤，用力之不果，而反以吾言之行與不行爲無所損益，於是又有以警戒之。

〔一〕養，明曆本作「義」。
〔二〕唯，明曆本作「惟」。
〔三〕致，明曆本作「至」。

謂以此之故，上自天子，下至庶人，各盡其孝而有終始，則福必及之，如前所云者。苟或雖知爲孝而無終始，則禍必及之，不得如前所云者。蓋所謂孝者，雖有五等之别，實爲百行之本。其始於事親，終於立身，則天子至於庶人一而已矣。故夫子爲天子、庶人通説〔一〕此戒，以結上文之旨。云如此而禍患不及者未之有，言理之所必無也，學者可不敬誦而謹行之哉！

右經一章

案：朱子曰：「此一節，夫子、曾子問答之言，而曾氏門人之所記也。疑所謂孝經者，其本文止如此。其下則或者雜引傳記以釋經文，廼孝經之傳也。竊嘗考之，傳文固多傅會，而經文亦不免有離析增加之失。顧自漢以來，諸儒傳誦，莫覺其非，至或以爲孔子之所自著則又可笑之尤者。蓋經之首統論孝之終始，中廼敷陳天子、諸侯、卿大夫、士、庶人之孝，而其末結之曰：『故自天子已下，至於庶人，孝無終始，而患不及者，未之有也。』其首尾相應，次第相承，文勢連屬，脈絡通貫，同是一時之言，無可疑者。而後人以爲六、七章，今文作六章，古文作七章。〔二〕又增『子曰』及引詩、書之文以雜乎其間，使其文意〔三〕分斷間隔，而讀者不復得見聖言全體大義，爲害不細。故今定此六、七章者合爲一章，而删去『子曰』者二，引書者一，引詩者四，凡六十一

〔一〕 説，明曆本作「設」。
〔二〕 今文作六章古文作七章，據孝經刊誤改爲小字書寫。
〔三〕 意，明曆本作「義」。

字，以復經文之舊。其傳文之失，又別論之如左方。」

子曰：「君子之教以孝也，非家至而日見之也。教以孝，所以敬天下之爲人父者；教以悌，所以敬天下之爲人兄者；教以臣，所以敬天下之爲人君者。詩云：『愷悌君子，民之父母。』非至德，其孰能順民如此其大者乎？」

「父者」「兄者」「君者」下今文各有「也」字。○夫子言君子之教人以孝也，非必家至而戶到、耳提而面命之也，亦在施得其要而已。必教之以孝，使凡爲子者皆知盡事父之道，即所以敬天下之爲人父者也；教之以悌，使凡爲人弟者皆知盡事兄之道，即所以敬天下之爲人兄者也；教之以臣，使凡爲人臣者皆知盡事君之道，即所以敬天下之爲人君者也。蓋致吾之敬者終有限，惟能使人各自致其敬者，斯無窮也。又引洞〔一〕酌之詩，曰君子有如此愷悌之德，民愛之如父母，蓋能以至德爲教，順天下之心，故其效如此其大也。

右傳之首章，釋「至德」「以順天下」。

傳，去聲。○朱子曰：「然所論『至德』，語意亦疏，如上章之失云。」

此〔二〕章今爲傳之二章。

〔一〕洞，明曆本作「泂」。
〔二〕此，明曆本作「上」。此章當指下一章。

子曰：「教民親愛，莫善於孝；教民禮順，莫善於弟；移風易俗，莫善於樂；安上治民，莫善於禮。

釋「至德」章。既言教民以孝悌之事，至此章又申言之，而并及乎禮、樂。孝，所以愛其親也，故欲教民以相親相愛，則莫有善於孝者矣。悌，所以敬其長也，故欲教民以有禮而順，則莫有善於悌者矣。得其和之謂樂，樂有鼓舞動蕩之意，故欲移改其風，變易其俗，則莫有善於樂者矣。得其序之謂禮，禮有上下尊卑之分，故欲上安其君，下治其民，則莫有善於禮者矣。此四者，蓋舉其要而言，然孝、悌、禮、樂，一本也。此經本以孝爲要道，而四者之中孝又爲要。孝於親必悌於長，孝悌之人，心必和順，和則樂也，順則禮也。四者相因而舉，有則俱有矣。

禮者，敬而已矣。故敬其父則子悦，敬其兄則弟悦，敬其君則臣悦，敬一人而千萬人悦。所敬者寡而悦者衆，此之謂要道。」

「道」下今文有「也」字。〇上文兼言孝、悌、禮、樂四者，至此又獨歸重於禮。至於言禮，則又以敬爲主。蓋父母於子，一體而分，愛易能而敬難盡，故經雖以愛敬兼言，而此獨言敬，而以禮爲重者，蓋其所以有序而和者，未有不本於敬而能之也。故又極推廣敬之功用，蓋此心之敬，隨寓而見。以此之敬而敬人之父，則凡爲之子者莫不悦矣；以此之敬而敬人之兄，則凡爲之弟者莫不悦矣；以此之敬而敬人之君，則凡爲之臣者莫不悦矣。彼爲人子、爲人弟、爲人臣者，本皆有敬父、敬兄、敬君之心，而吾先有以敬之，則深得其歡心矣。此之敬加於一人，而彼則千萬人悦。「所敬者寡而悦者衆」，所守者約而施者博，此之謂要道也，所以結一章之旨。

右傳之二章，釋「要道」。

傳，去聲。〔一〕○朱子曰：「但經所謂要道，當自己而推之，與此亦不同也。」

曾子曰：「甚哉！孝之大也。」子曰：「夫孝，天之經，地之義，民之行。天地之經，而民是則之。則天之明，因地之義，以順天下，是以其教不肅而成，其政不嚴而治。」

「之經」「之義」「之行」下，今文各有「也」字。因地「之義」今文作「之利」。○夫，音扶。行，去聲。〔二〕○天以陽生物，父道也；地以順承天，母道也。天以生覆爲常，故曰經；地以承順爲宜，故曰義。人生天地之間，稟天地之性，如子之肖像父母也。得天之性而爲慈愛，得地之性而爲恭順，慈愛、恭順即所以爲孝。故孝者，天之經，地之義，而人之行也。孝本天地之常經，而人於是取則焉。則者，法也。天地之經常久而不變，人之取則於天地亦常久而不易。其於衆人之中又有聖人者出，法天道之明，因地道之義，以此順天下愛親

〔一〕明曆本無「傳去聲」三字。

〔二〕夫音扶行去聲，明曆本在「之經」前。

敬長之心而治之。是以其爲教也，不待戒肅而自成；其爲政也，不假威嚴而自治。無他，孝者，天性之自然，人心所固有，是以政教之速化如此。

右傳之三章，蓋釋「以順天下」。

傳，去聲。○朱子曰：「但自其章首以至『因地之義』，皆是春秋左氏傳所載子太叔爲趙簡子道子産之言，惟易『禮』字爲『孝』字，而文勢反不若彼之通貫，條目反不若彼之完備。明此襲彼，非彼取此，無疑也。子産曰：『夫禮，天之經，地之義，民之行也。天地之經，而民實則之。則天之明，因地之性。』其下便陳天明、地性之目，與其所以則之、因之之實。然後簡子贊之曰：『甚哉！禮之大也。』首尾通貫，節目詳備，與此不同。其曰『先王見教之可以化民』，又與上文不相屬，故温公改『教』爲『孝』，廼得粗通。而下文所謂『德義』『敬讓』『禮樂』『好惡』者，却不相應，疑亦裂取他書之成文，而强加裝綴以爲孔子、曾子之問答，但未見其所出耳。然其前段，文雖非是，而理猶可通，存之無害。至於後段，則文既可疑，而謂聖人見孝可以化民而後以身先之，於理又已悖矣。況『先之以博愛』亦非立愛惟親之序，若之何而能使民不遺其親耶？其所引詩亦不親切。今定『先王見教』以下凡六十九字並删去。」

子曰：「昔者明王之以孝治天下也，不敢遺小國之臣，而況於公侯伯子男乎？故得萬國之懽心，以事其先王。

昔者，謂先代。明王，明哲之君。遺，忽忘也。小國之臣，謂土地褊小，不能五十里，附於諸侯，曰附庸是也。夫子言昔者明哲之王以孝道而治理天下也，推其愛敬之心，至於附庸小國之臣尚不敢有所遺忘。小國之臣且不敢遺，而況於公、侯、伯、子、男大國之臣乎？以此之故，所以得天下萬國之懽心。天子建國，公、侯地方百里，伯七十里，子、男五十里，五十里以下皆小國也。合大小之國，極言其多，故曰萬國。以萬國之衆而皆得其歡悦之心，則尊君親上，同〔一〕然無間，人心和而王業固，社稷靈長而宗廟奠〔二〕安。以此事奉其先王，則孝道至矣。孝道之至如此，而後〔三〕世之君廼不皆然，則以不明不誠故也。明足以有見，而知事理之必然，誠足以有行，而不忘於微賤，則萬國歸心，先王世享矣。夫子所以首稱明王，而繼言其不敢，蓋不敢之心，則祇〔四〕懼之誠也，即經言天子之孝不敢惡慢於人是也。

治國者不敢侮於鰥寡，而況於士民乎？故得百姓之懽心，以事其先君。

此言諸侯之孝治。諸侯，治一國者也。老而無妻曰鰥，老而無夫曰寡，此二者則所謂天下窮民，與夫疲癃殘疾顛連無告皆在矣。侮，慢忽也。一命以上爲士，民則農、工、商、賈也。諸侯有卿大夫，只言士民，亦舉

〔一〕同，明曆本作「洞」。
〔二〕奠，明曆本作「尊」。
〔三〕後，明曆本作「嗣」。
〔四〕祇，明曆本作「柢」。

小以見大耳。百姓，或謂百官族姓，或謂民之族姓，然以上文萬國例之，當是官族大夫之家。先君，始受命爲國君者也。自天子以孝治天下，而諸侯亦以孝治其國，推其愛敬之心以及於國人，至於鰥寡之微，亦不敢侮[一]慢之，而況於士民乎？以此之故，所以得百姓之懽心。百姓之心無不懽悅，則能和其民人，保其社稷矣。以此而事奉其先君，豈非孝道之大者乎？此與經言諸侯之孝相發明，不敢侮鰥寡即不驕不奢之極，得百姓之懽心即長守富貴之本也。

治家者不敢失於臣妾，而況於妻子乎？故得人之懽心，以事其親。

此言卿、大夫之孝治，士、庶人亦并舉矣。古者「卿置側室，大夫有貳宗，士有隸子弟，庶人、工、商，各有分親」，皆所謂臣妾也。臣妾賤而疏，妻子貴而親，人之情常厚於親貴，而薄於疏賤。而昔之爲卿大夫以孝治其家者，推其愛敬之心下及於臣妾，曾不敢少有失於臣妾之心。彼疏賤者尚如此，而況於妻子之親貴乎？則不失其心可知矣。是以無貴、無賤、無親、無疏，皆得其人之懽心，而有以事其父母矣。

夫然，故生則親安之，祭則鬼享之，是以天下和平，災害不生，禍亂不作，故明王之以孝治天下如此。詩云：『有覺德行，四國順之。』」

夫，音扶。行，去聲。○此總結治天下、國、家三節。夫然，猶言惟其如此也。故，猶言是以如此也。生，

[一] 侮，通志堂本原作「侮」。

謂父母存時。祭，謂没後奉祀。安者，其心無憂。亨者，其魂來格。人死曰鬼，氣屈而歸也。天子、諸侯、卿大夫，皆以孝治天下國家，而得人之懽心，以事其親如此，故其生而存則親安之，没而祭則鬼亨之，由其心意之素安，所以魂氣之易感也。是以普天之下，既和且平。和則無乖戾之氣，故灾害不生；平則無悖逆之事，故禍亂不作。灾害如水旱疾疫，生於天者也；禍亂如賊君弑父，作於人者也。孝者，天之經，地之義，而人之行也。人人盡孝，則心和氣和，而天地之和應矣。夫子遂總結之曰：「故明王之以孝治天下如此。」蓋由天子身率於上，諸侯以下化而行之，所以至此，皆明王之力也。又引抑詩以明之，義取天子有大德行，則四方之國順而行之，以明明王以孝治天下，故諸侯、卿大夫皆以孝治其國家也。

右傳之四章，釋「民用和睦，上下無怨」。

朱子曰：「其言雖善，而亦非經文之正意。蓋經以孝而和，此以和而孝也。引詩亦無甚失，且其下文語已更端，無所隔〔一〕礙，故今且得仍舊耳。後不言合刪改者放〔二〕此。」

曾子曰：「敢問聖人之德，其無以加於孝乎？」

「無」字，今文作「何」字。○曾子既聞明王以孝治，其極至之效如此，於是又推廣而言，敢問夫子〔三〕，

〔一〕隔，明曆本作「膈」。
〔二〕放，明曆本作「倣」。
〔三〕夫子，明曆本作「天子」。

聖人之所以爲治者，固皆本於孝矣，不知聖人之所以爲德者，果無以加於孝乎？抑亦有在於孝之上，可以致禮〔一〕成化過於此者乎？〔二〕

子曰：「天地之性人爲貴。人之行莫大於孝，

行，去聲。○天以陽生萬物，地以陰成萬物。天地之生成萬物者，雖以陰陽之氣，然氣以成形，而理亦賦焉。故夫子言人所稟受於天地之性，則比萬物爲最貴，以能與天地參爲三才也。以天地之性言之，則人爲貴；以人之行言之，則孝爲大。何也？人稟天地之性，不過仁、義、禮、智、信五者而已。專言仁，又爲人心之全德，義、禮、智、信皆包括於其中。仁主於愛，愛莫先於愛親，故仁之發見如水之流行，親親爲第一坎，仁民爲第二坎，愛物爲第三坎，此人所行之行莫大於孝也。人惟不知孝之大也，是以〔三〕失於自小；惟不知人之貴也，所以失於自賤。自賤則雖有人之形，無以遠於禽獸矣；自小則雖有聖賢之資，無以拔於凡庶矣。此夫子答曾子之問，必先之曰「天地之性人爲貴。人之行莫大於孝」，所以使人知所自貴而先務其大者。董仲舒謂必知自貴於物，而後可與爲善，亦夫子之意也。

孝莫大於嚴父，嚴父莫大於配天，則周公其人也。

〔一〕禮，明曆本作「理」。
〔二〕明曆本於此後羼入夾行小注。
〔三〕以，明曆本作「故」。

此極言孝之大者。嚴，尊敬也。配，合也。周公，文王之子，武王之弟，成王之叔父，名旦，食采於周，位居三公，故稱周公。人子之孝於親者無所不至，而莫大於尊敬其父。尊敬其父者亦無所不至，而莫大於配享上天。惟天爲大，尊無與對，而能以己之父與之配享，所以尊敬其父者至矣、極矣，不可以復加矣！然仁人孝子愛親之心雖無窮，而立綱〔一〕陳紀、制禮之節則有限，求其能盡孝之大，而嚴父以配天者，則惟周公其人也。中庸曰：「武王末受命，周公成文、武之德，追王太〔二〕王、王季，上祀先公以天子之禮。」制爲嚴父配天之禮者，周公也，故夫子稱之。

昔者周公郊祀后稷以配天，宗祀文王於明堂以配上帝，是以四海之内各以其職來助祭。夫聖人之德，又何以加於孝乎？

「來」下今文無「助」字。○夫，音扶。○郊社，祭天也。祭天於南郊，故曰郊。后稷，舜之臣，名棄，舜命爲稷，使教民播種百穀，始封於邰，爲諸侯，君其國，故稱曰后稷，是爲周之始祖。文王，太王之孫，王季之子，武王之父，名昌。明堂，王者出治布政〔三〕之堂，南面向明，故曰明堂。宗祀，謂宗廟之祭也。天以形

〔一〕綱，通志堂本和明曆本均作「經」，據四庫本改。
〔二〕太，明曆本作「大」。
〔三〕出治布政，通志堂本和明曆本均作「出政布治」，據四庫本改。

體言，上帝以主宰言。夫子言昔者周公之制禮也，郊祀祭天，則以后稷配，尊后稷猶天也；宗祀祭帝，則以文王配，尊文王猶帝也。周公之所以尊敬其祖父如此，是以德教刑於四海。四海之内爲諸侯者，各以其職分所當然，皆來助祭，敬供郊廟之事。孝道之感人若是，則夫聖人之德，又有何者可以加於孝乎？夫子答曾子之問意已盡矣，下文復申言聖人教人以孝之故。

故親生之膝下，以養父母日嚴。聖人因嚴以教敬，因親以教愛。聖人之教不肅而成，其政不嚴而治，其所因者本也。」

養，去聲。○親，父母也。膝下，謂孩幼嬉戲於父母之膝下也。養，奉養也。嚴，尊嚴也。敬，禮敬也。親，親昵也。愛，慈愛也。本，謂天性也。聖人教人以孝，非强之使然，廼順其自然。蓋親生膝下，其初固惟知有親昵而已，未嘗知有所謂尊嚴之道。然一體而分，則自然有親愛不容已之情，天之性也。雖曰親昵，而其尊卑已自有一定不可易之序存焉，天之分也。此蓋其本然之所固有，而聖人立教亦非强其所無而爲之，故曰「因嚴以教敬，因親以教愛」。所以教之愛敬者，不過啓其良心，發其善性，而非有所待乎外也，故其教不待肅而自成，其政不待嚴而自治。人子之生也，三年然後免於父母之懷。「長我育我，顧我復我，出入腹我」，骨肉之親無有密於此者，生養之恩無有大於此者。故曰「欲報之德，昊天罔極」，言父母恩德與天地並，雖盡孝道欲以報之，亦復無有窮極。此皆人心固有之理，是以孩提之童無不知愛其親，聖人復恐其狎恩恃愛，而易失於不敬，於是因嚴教敬，使愛而不至於褻；又因親教愛，使敬而不至於疏。此聖人所以有功於人心天理，而扶植彝倫於不墜也。

右傳之五章，釋「孝，德之本」。

朱子曰：「但嚴父配天，本因論武王、周公之事而贊美其孝之詞，非謂凡爲孝者皆欲如此也。又况孝之所以爲大者，本自有親切處，而非此之謂乎？若必如此而後爲孝，則是使爲人臣子者皆有今將之心，而反陷於大不孝矣。作傳者但見其論孝之大，即以附此，而不知其非所以爲天下之通訓。讀者詳之，不以文害意焉可也。其曰『故親生之膝下』以下，文〔一〕却親切，但與上文不屬，而與下章相近，故今文連下二章爲一章。但下章之首語已更端，意亦重複，不當通爲一章。此章〔二〕當依古文，且附上章，或自別爲一章可也。」

子曰：「父子之道天性，君臣之義。父母生之，續莫大焉；君親臨之，厚莫重焉。」

子曰：「不愛其親而愛他人者，謂之悖德；不敬其親而敬他人者，謂之悖禮。」

「天性」下今文有「也」字。「重焉」下今文有「故」字。〔三〕○此章雖別以「子曰」字更端，終是承上章之

〔一〕文，明曆本作「意」。
〔二〕章，明曆本和四庫本作「語」。
〔三〕天性下今文有也字重焉下今文有故字，明曆本作「重焉下今文有故字天性下今文有也字」。

意。父子之道天性，謂親也；君臣之義，謂嚴也。易曰：「家人有嚴君焉，父母之謂也。」以父之親言，故曰「續莫大焉」；以君之尊言，故曰「厚莫重焉」。德主愛亦是就親字説，禮主敬亦是就嚴字説，此蓋就「所因者，本也」説一本之意。「親親而仁民，仁民而愛物」，如水之一源，而千條萬派〔二〕皆此源之流；如木之一根，而千枝萬葉皆此根之發。孟子一本之説，正謂是也。若昧一本之説，不愛其親而愛他人者，則謂之悖德；不敬其親而敬他人者，則謂之悖禮。蓋由愛敬其親而推以愛敬他人，則爲順；不愛敬其親而先以愛敬他人，則爲悖〔三〕矣。

右傳之六章，釋「教之所由生」。

朱子曰：「古文析『不愛其親』以下別爲一章，而各冠以『子曰』。今文則合之，而又通上章爲一章，無此二『子曰』字，而於『不愛其親』之上加『故』字。今詳此章之首，語實更端，當以古文爲正。『不愛其親』語意正與上文相續，當以今文爲正。至『君臣之義』之下，則又當有斷簡焉，今不能知其爲何字也。『悖禮』以上皆格言，但『以順則逆』以下，則又雜取左傳所載季文子、北宮文子之言，與此上文既不相應，而彼此得失又如前章所論子産之語，今删去凡九十字。季文子曰：『以訓則昏，民無則焉，不度於善而皆在於凶德，是以去之。』北宮

〔二〕派，四庫本作「泒」。
〔三〕悖，明曆本作「逆」。

文子曰：『君子在位可畏，施舍可愛，進退可度，周旋可則，容止可觀，作事可法，德行可象，聲氣可樂，動作有文，言語有章，以臨其下。』」〔二〕

子曰：「孝子之事親，居則致其敬，養則致其樂，病則致其憂，喪則致其哀，祭則致其嚴。五者備矣，然後能事親。

養，去聲。樂，音洛。○此教之以善也。居，謂平居暇日，無事之時。致者，推之而至其極也。敬者，常存恭敬，不敢慢易也。養，謂飲食奉養之時。樂者，歡樂悦親之志也。病者，謂父母有疾，疾甚而病。憂，憂慮，不遑寧處也。喪，謂不幸親死，服其喪也。哀，哀慼，追念痛切也。祭，謂親没而祭祀之。嚴，謂精潔肅敬，謹畏將事也。人有一身，心爲之主〔三〕；士有百行，孝爲之大。爲人子者，誠以愛親爲心，而不忘事親之孝，平居無事，常有以致其敬，則敬存而心存。一敬既立，遇養則樂，遇病則憂，遇喪則哀，遇祭則嚴。五者有一不備，不可謂能，然皆以敬爲本。

事親者居上不驕，爲下不亂，在醜不爭。居上而驕則亡，爲下而亂則刑，在醜而爭則兵。此三者不除，雖日用三牲之養，猶爲不孝也。」

養，去聲。○此戒之以不善也。孝子之事親者，居人上，則當莊敬以臨下而不可驕矜；爲人下，則當恭謹

〔二〕孝經刊誤本中自「季文子曰」至末尾「以臨其下」，均爲夾行小注，據此改爲小字書寫。

〔三〕主，通志堂本疑作「生」，明曆本和四庫本均作「主」。

以事上而不可悖亂；在已之醜類等夷，則當和順以處衆而不可爭競。苟居上而驕，則失道而取亡；爲下而亂，則犯分而致刑；在醜而爭，則起〔一〕釁而召兵。曰驕、曰亂、曰爭，三者不除，而曰亡、曰刑、曰兵。三者必至危亡之禍，憂將及親，其爲不孝大矣。雖日具牛、羊、豕三牲之養，自以爲盡禮，親得安坐而食乎？故曰「猶爲不孝也」。愚案〔二〕：此章以敬爲主，則有前之善，無後之不善，不敬者反是。事親而欲盡孝者，可不愛親而先盡敬乎？

右傳之七章，釋「始於事親」及「不敢毁傷」。

朱子曰：「亦格言也。」

子曰：「五刑之屬三千，而罪莫大於不孝。」

五刑，墨、劓、剕、宫、大辟五等之刑。墨者，刺字而涅以墨。劓，截其鼻。剕，斬其趾。宫，男子割勢，婦人幽閉。辟，法也。大法，死刑也。古用肉刑，漢文帝始除之，斬左趾者笞五百，當劓者笞三百，率多死。景帝又定律，笞五百曰三百，笞三百曰二百。吕刑云：「墨罰之屬千，劓罰之屬千，剕罰之屬五百，宫罰之屬三百，大辟之罰其屬二百，五刑之屬三千。」孔子蓋引此句以爲刑罰之條目雖如此其多，而罪之至大者，無過於

〔一〕 起，明曆本作「啟」。
〔二〕 案，明曆本作「按」。

不孝，則不孝者，天地所不容也。上章已足爲天子、諸侯、卿大夫之戒矣，於此又兼士、庶人之戒焉。

要君者無上，非聖人者無法，非孝者無親，此大亂之道也。」

要，平聲。○此極言不孝之罪所以爲大。君者，臣之所稟令者也，而敢於要脅之，是無其上也。聖人者，法之所從出也，而敢於非議之，是無其法也。人莫不有父母也，而敢以孝道爲非，是無其親也。人必有親以生，有君以安，有法以治，而後人道不滅，國家不亂。若三者皆無之，此迺大亂之道也。三者又以不孝爲首，蓋孝則必忠於君，必畏聖人之法矣。惟其不孝，不顧父母之養，是以無君臣，無上下，詆毀法令，觸犯刑辟。不孝之罪，蓋不容誅也。

右傳之八章。

朱子曰：「因上文『不孝』之云而繫於此，亦格言也。」

子曰：「君子事上，進思盡忠，退思補過，將順其美，匡救其惡，故上下能相親。詩曰：『心乎愛矣，遐不謂矣。中心藏之，何日忘之。』」

「君子」下今文有「之」字。「事上」「相親」下今文各有「也」字。〔二〕○上，謂君也。進謂進見於君，退謂既見而退，謂爲臣者趨朝、退朝時也。內則父子，外則君臣，人之大倫也。父子主恩，君臣主敬。故夫子言

〔二〕自「君子」至「也字」，明曆本無此句。

君子之事君上也，進見於君，已有善道，則思竭盡其忠，極言無隱；及其既退，君有闕失，則思補塞其過，進則復言。至於君有美意，則將順其美，助而成之，惟恐不及；君有惡念，則匡救其惡，諫而止之，惟恐或形。蓋忠臣之事君，如孝子之事親，先其意，承其志，迎其幾而致其力。一念之善則助成之，無使優游不決，沮遏而中止也；一念之惡則諫止之，無使昏蔽不明，遂成而莫救也。陳善閉邪，慮之以早，防之以豫，戒於未然，止於無迹，此魏鄭公所以願爲良臣而不願爲忠臣也。爲臣豈不願忠？蓋後世所謂忠，必至犯顏敢諫，盡命死節而後爲忠，不知〔一〕救其横流而拯其將亡，未若防微杜漸爲忠之大也。此龍逄〔二〕、比干之忠所以不如臯、夔、稷、契之良，而吾夫子亦以「將順其美，匡救其惡」爲盡忠補過之至也。苟非君子，進則面從，退有後言，有美不能助而成也，有惡不能救而止〔三〕也，激君以自高，謗君以自潔，諫以爲身而不爲君也，是以上下相疾而國家敗矣。今以君子而事上，所以忠愛其君者如此，則君享其安佚，臣預其尊榮，故君臣上下能相親也。君猶父，臣猶子，相親猶一家也。君爲元首，臣爲股肱，相親猶一體也。此相親之至也。又引隰桑之詩以言臣心愛君，雖在遐遠，不謂爲遠。蓋愛君一念常藏心中，無日暫忘也。遠者猶不忘也，而况於近，可不盡忠愛乎？

右傳之九章，釋「中於事君」。

〔一〕知，通志堂本疑作「如」，明曆本和四庫本均作「知」。
〔二〕逄，明曆本作「逄」，四庫本作「逄」，通志堂本字迹模糊。
〔三〕止，明曆本作「正」。

朱子曰：「『進思盡忠，退思補過』，亦左傳所載士貞子語。然於文理無害，引詩亦足以發明移孝事君之意，今並存之。」

子曰：「昔者明王事父孝，故事天明；事母孝，故事地察；長幼順，故上下治。天地明察，神明彰矣。故雖天子必有尊也，言有父也；必有先也，言有兄也。宗廟致敬，不忘親也；修身慎行，恐辱先也。宗廟致敬，鬼神著矣。孝悌之至，通於神明，光於四海，無所不通。詩云：『自西自東，自南自北，無思不服。』」

長，上聲。行，去聲。○易曰：「乾，天也，故稱乎父；坤，地也，故稱乎母。」父有天道，母有地道。王者繼天作子，父天母地，凡其所以事天地之道，亦不外事父母之道而已。天人、幽顯之道一也，能事人則能事神矣。「事父孝，故事天明」，能事父以孝，則其事天也必明矣。「事母孝，故事地察」，能事母以孝，則其事地也必察矣。此「明」「察」二字亦是就前章「天經地義」一句引來。孔子曰：「明於天之道，而察於民之故。」孟子曰：「舜明於庶物，察於人倫。」大抵「經」是總言其大者，「義」是中間事物纖悉曲折之宜，董子所謂「常經通義」亦是此意。惟其爲「天之經」也，所以「事父孝，故事天明」；惟其爲「地之義」也，所以「事母孝，故事地察」。「明」字氣象大，聰明睿智，無所不照；「察」則工夫細，文理密察，無所不周。「長幼順」，蓋就事父母推之；「上下治」，蓋就事天地推之。長幼尊卑，無一不順其序，則人道盡矣。極其孝，則三光全、寒暑平而天道清矣。山川鬼神亦莫不寧，鳥獸魚鼈咸若而地道寧矣。所謂「神明」者，即造化之功用也。事天地而至於如此，豈不洋洋「如在其上，如在其左右」乎？此亦「昔者明王」之事如此，後之爲天子者所宜取法也。「必有尊也，言有父也」，因事父、事母孝二句；「必有先也，言有兄也」，因長幼順一句。誰無父母，皆可爲孝；誰無兄長，皆可爲順〔一〕。又推而上之，不特事父兄爲然，至於奉宗廟、事先祖亦莫不善，但須盡吾立身之道而已。「修身慎行」，此是事親之始終不出於此，故爲人子一舉足而不敢忘父母，一出言而不敢忘父母，惟恐一言一行之玷以辱其親。若其事宗廟致敬，其彰著尤可見，其實皆自充吾一念之孝悌，而至其極，則其幽也可以通於神明，其顯也可以光於四海。其無所不通，故引文王有聲之詩以贊之。嗚呼！是道非仁孝誠敬之至，豈足以與於此哉？天人之道昭矣，感應之理微矣，讀是章者必有以深體而默識之。

右傳之十章，釋「天子之孝」。

朱子曰：「有格言焉。」

子曰：「君子之事親孝，故忠可移於君；事兄悌，故順可移於長；居家理，故治可移於官。是以行成於内，而名立於後世矣。」

長，上聲。行，去聲。○名，非君子所尚也，又曰「君子疾没世而名不稱焉」，聖人豈教人以好名哉？名

〔一〕順，明曆本作「悌」。

者，實之賓，有其實者必有其名，苟没世而名不見稱，則是終其身無爲善之實矣，是以君子疾之。苟疾其名之不稱，當常恐其實之不至，而孜孜勉焉可也。夫子於此廣其義，以終經言「立身」「揚名」之旨，謂爲君子者之於事親，苟極其孝矣，以孝事君則忠，故忠可移於君；事兄，苟極其悌矣，以敬事長則順，故順可移於長；居家，苟極其理矣，惟孝友於兄弟，克施有政，故治可移於官。事君者，事親之推也；事長者，事兄之推也；居官者，居家之推也。根固者葉必茂，源深者流必長，膏沃者光必燁〔二〕。是以孝悌之行成於内，忠順之道達於外。君子務實，雖不求名，而州閭、鄉黨稱其孝，兄弟、親慼稱其慈，僚友稱其悌，執友稱其仁，交遊稱其信。不惟譽藹於一時，而且名立於後世矣。舜在側微，又處頑父、嚚母、傲弟之間，而能和以孝道，是以帝堯聞之，四岳舉之，天下君之，萬世師之。豈有他哉？孝悌而已矣。所謂以顯父母者，豈有過於此哉？

右傳之十一章，釋「立身揚名」及「士之孝」。

子曰：「閨門之内，具禮矣乎！嚴父，嚴兄，妻子臣妾猶百姓徒役也。」

此因上章言以治家之道而推之於一國，此章又以治國之道而施之於一家。蓋閨門之内，恩常掩義，至於治國之道，則以義而斷恩。傳者之意，恐其閨門之内挾恩恃愛，易以流於親愛昵比之私，故謂雖處閨門之内，一國之理實具焉。嚴父有君之道，嚴兄有長之道，妻子臣妾即百姓徒役也。以此施之，則義有以制私，尊卑、内

〔二〕燁，通志堂本字迹模糊，明曆本疑作「燁」。

外整整然其有條理矣。此實治家之要道也。

曾子曰：「若夫慈愛恭敬，安親揚名，參聞命矣，敢問從父之令可謂孝乎？」

「參」，今文作「則」。「敢問」下今文有「子」字。○夫，音扶。令，去聲。○夫子教曾子以孝，曾子一歎孝之大，次問無以加於孝，夫子皆詳告之。孝之始終備矣，惟幾諫一節言之未及。曾子於是包攝夫子之所已言者，謂「若夫慈愛恭敬，安親揚名」，凡此之道則既得聞夫子之教命矣，敢問爲人子者一以順從爲孝，然則父母有命令，將不問可否而悉從之，然後可以爲孝乎？此曾子之善問也。「慈愛」如養致其樂，「恭敬」如居致其敬，「安親」不近兵刑，「揚名」如「立身行道，揚名於後世」之類。

子曰：「是何言與！是何言與！昔者天子有爭臣七人，雖無道不失其天下；諸侯有爭臣五人，雖無道不失其國；大夫有爭臣三人，雖無道不失其家。士有爭友，則身不離於令名；父有爭子，則身不陷於不義。故當不義，則子不可以弗爭於父，臣不可以弗爭於君。故當不義則爭之，從父之令又焉得爲孝乎？」

與，平聲。爭、諍同。離、令，並去聲。焉，於虔反。○見非而從，成父不義，有害於孝，理所不可。夫子故重言「是何言與」以戒之，謂以「從父之令」爲孝是何等言，不可以訓也。曾子本以「從父之令」爲問，夫子又推而廣之，自天子至於庶人，爲臣子者見君父之過，皆不可以苟順而不諫諍。故昔者天子必有諍臣七人，則雖無道亦可以不失其天下；諸侯必有諍臣五人，則雖無道亦可以不失其國；大夫必有諍臣三人，則雖無道亦可以不失其家。天子有天下，四海之大，萬幾之繁，善則億兆蒙其福，不善則宗社受其禍，故必有諫諍之臣以救其過而後可。古者立誹謗之木，設敢諫之鼓〔一〕，大開言路，廣集忠益，諍臣豈止七人而已哉，夫子姑約而言之耳。若次於天子爲諸侯，又次於諸侯爲大夫。國小於天下，其事必簡，故五人而可；家小於國，其事又簡，故三人而可。其實諫不厭多，非必以數拘也。下至於士則無臣，未爲大夫則無家，所有者身，所賴者友。故士以友諍，「則身不離於令名」；父以子諍，「則身不陷於不義」。人之大倫有五，君臣、父子爲之首，而朋友居其末。君臣、朋友皆以人合，唯父子爲天屬之親。臣之忠愛其君者，「以道事君，不可則止」；友之忠愛其友者，「忠告而善道之」，亦「不可則止」。若子之於父，無可止之義。故曰君有過則諫，「三諫而不聽」則去；親有過則諫，「三諫而不聽，則號泣而隨之」。又曰「事父母幾諫，見志不從，又敬不違，勞而不怨」「起敬起孝，悦則復諫」。積誠以感動之，必其從而後已，此則人子愛親之至，終欲其歸於至善，又有非臣與友之所得爲者。自士以下雖謂庶人，然天子、諸侯、大夫、士之子，均爲子也，均愛父也。父若有過，子必幾諫，無諉之諍臣、諍友可也。夫子是以總言之曰：「故當不義，則子不可以弗爭於父，臣不可以弗爭於君。」先父子而後君臣，其旨深矣。又曰：「故當不義，則爭之，從父之令，又焉得爲孝乎？」所以結一章之旨，而終「是

〔一〕 鼓，明曆本作「皷」。

何言與」之義也。爭，義當從諍。諫之大者，諫而不入，則犯顏引義以爭之，不聽則不止也。

右傳之十三章。

朱子曰：「不解經而别發一義。」

子曰：「孝子之喪親，哭不偯，禮無容，言不文，服美不安，聞樂不樂，食旨不甘，此哀慼之情。

「喪親」「之情」下今文各有「也」字。〔二〕○偯，於豈反。不樂，音洛。○君子有三樂，父母俱存居其首，則人間至樂，無有大於此者矣！一旦不幸而死，乖吾之大樂，豈不爲大哀乎？吾之一身，父母生之，本同體也，存殁頓異，骨肉睽離，寧不爲大痛乎？夫子於是申言孝子之喪其親也，哀痛之極：發於聲爲哭，其哭也不偯，氣竭而盡，不能委曲也；動於貌爲禮，其禮也無容，觸地踴躃〔三〕，不能爲容也；出於口爲言，其言也不文，内憂無情，不能爲文也。服衣之美，有所不安；聞樂之和，有所不樂；食味之旨，有所不甘。無他，人子之心念念痛親之死而已，豈復計吾之生哉？故寢苫枕塊，服衰麻，食溢米，苟延殘喘於天地間已爲過矣。耳目之接，口體之奉，尚何心乎？夫子故言此而結之曰：「此哀慼之情。」蓋謂此廼人心自有之情，非聖人强

〔二〕自「喪親」至「也字」，明曆本無此句。
〔三〕踴躃，通志堂本字迹模糊，疑作「局脊」，明曆本同，據四庫本校對。

之也。

三日而食，教民無以死傷生，毀不滅性，此聖人之政。

今文有「也」字。○禮，三年之喪，三日不食，過三日則傷生矣。所以三日而食者，謂教天下之人無以哀死而至於傷生，雖毀瘠而不滅其性。性者，人之所受於天以生者也。性中有仁，仁之發主於愛，愛莫大於愛親。父母存而愛敬之者，根於性也；父母没而哀慼之者，亦根於性也。若以哀慼之過而傷生，是性可滅也；性可滅，則生人之類滅矣！此聖人之爲政所以爲生民立命也。

喪不過三年，示民有終。爲之棺椁衣衾而舉之，陳其簠簋而哀慼之，擗踊哭泣，哀以送之。卜其宅兆而安厝〔一〕之，爲之宗廟以鬼享之。春秋祭祀，以時思之。

「終」下今文有「也」字。○簠，方矩反。簋，居洧反。擗，房益反。踊，余壟反。○此又自聖人之政，而詳之人親之亡也。孝子之心，何有限量？然而遂之是無節也。故聖人爲之立其中，制不過三年，所以示民有終極也。其始死也，爲之棺以周衣，椁以周棺，衣衾以周身，然後舉而斂之；其將葬也，陳其簠簋，奠以素器，而不見親之在，則傷痛而哀慼之；其祖餞也，女擗男踊，號哭涕泣，而不忍親之去，則悲哀而往送之。爲

〔一〕厝，孝經刊誤原作「措」。

墓於郊，不可苟也，則卜之，冢穴〔二〕曰宅，墓域曰兆，必得吉而安厝之，此皆慎終之禮也；爲廟於家，必有制也，則爲之三年，喪畢，遷主於廟，始以鬼而禮享之。及其久也，寒暑變遷，益用增感，春秋祭祀，以寓時思，此追遠之禮也。至於忌日不用，所謂「君子有終身之喪」，念親之意，果何有窮已哉？此皆聖人之政，因人之情爲之節文，使過之者俛就，不至者跂及也。

生事愛敬，死事哀感，生民之本盡矣，死生之義備矣，孝子之事親終矣。」

此又合始終而言之，以結一書之旨。孝子之事親也，「事死如事生，事亡如事存」。於其生也，事之以愛敬；於其死也，事之以哀感。生民之道，孝悌爲本，於此盡矣；養生送死，其義爲大，於此備矣。至此，則孝子之事親，其道終矣！蓋凡〔三〕人之情有所愛，而所愛施於所親。一錢之錐，視爲己物，必營護之；一飯之恩，嘗爲己惠，必思報之。「父兮生我，母兮鞠我」，父母之德，較之一飯之恩，孰小孰大？父母之身，比之一錢之錐，孰重孰輕？尚能思報一飯之恩，營護一錢之錐，則所以思報父母、營護父母者，宜知所盡心而竭力矣！居則致其敬，養則致其樂，生事愛敬也；喪則致其哀，祭則致其嚴，死事哀感也。夫民，幼者非壯則不長，老者非少則不養，死者非生則不藏。人情莫不愛其親，愛之篤者，莫若父子。聖人因天之性、順人之情而

〔二〕冢穴，明曆本作「塚穴」。
〔三〕蓋凡，明曆本和四庫本脱此二字。

利導之，教父以慈，教子以孝，使幼者得壯，老者得養，死者得藏。是以民不夭折、棄捐而咸遂其生，日以蕃息而莫能傷，故孝者，生民之本也。古者葬之中野，厚衣之以薪，喪期無數。後世聖人爲之中，制中則欲其可繼也，繼則欲其可久也，措之天下而人共守之。此法之所以不廢，人之所以無憾也。苴斬之服、饘粥之食、顔色之慼、哭泣之哀，皆出於人情不安於彼而安於此，非聖人强之也。三日而食，三年而除，上取象於天，下取法於地，不以死傷生，毁不滅性，因人情而爲之節也。死者，人之大變也，舉而斂之，哀慼而奠之，擗踊哭泣而送之，厝〔一〕之以宅兆，享之以宗廟，時思之以祭祀，情文盡於此矣，所以常久而不廢也。夫有生必有死，有始必有終，生事以禮，死葬以禮，祭之以禮，則可謂孝矣。故曰：「死生之義備矣，孝子之事親終矣。」

然夫子此書雖以授曾子，而備言五孝之用，則自天子、諸侯、卿大夫、士、庶人皆所通行。而爲人上者，又德教之所自出，故一則曰「先王有至德要道」，二則曰「明王以孝治天下」，三則曰「明王事父孝，事母孝」，至末章則亦曰「教民無以死傷生」，又曰「示民有終也」。是則孝者，天地之經，人道之本，誠有天下國家者之所先務也。故雖生事葬祭，貴賤有等，禮不可違，而獨三年之喪，自天子達於庶人，無貴賤一也。聖人之爲生民慮者，豈不深且遠哉！宰予學於孔門，親受夫子之教，廼曰「期可已矣」，又何怪齊宣王之短喪、漢文帝之以日易月？自是而後，習以爲常，爲人上者如此，何以責其下哉？尊信孟子，惟一滕文公，雖其父兄、百官

〔一〕厝，明曆本作「措」。

皆不欲，曰「吾先君莫之行，吾宗國魯先君亦莫之行」，三年之喪能行者寡矣！文公獨有感於孟子「親喪固所自盡」之一語，排群議而力行之，然後百官、有司莫敢不哀，百官、族人可謂曰知。至於四方之來弔者，莫不大悦其有禮。秉彝好德之良心，蓋甚昭昭乎不可泯也。然則感人心、厚風俗，「至德要道」何以加於孝哉！

右傳之十四章。

朱子曰：「亦不解經，別發一義，其語尤精約也。」

又案朱子刊誤跋云：「熹舊見衡山胡侍郎論語説，疑孝經引詩非經本文，初甚駭焉，徐而察之，始悟胡公之言爲信，而孝經之可疑者不但此也。因以書質之沙随程可久文。程答書曰，頃見玉山汪端明亦以爲此書多出後人傅會，於是廼知前輩讀書精審，固已及此。又竊自幸有所因述而免於鑿空妄言之罪也，因欲掇取他書之言可發此經之旨者，別爲外傳，顧未敢耳。淳熙丙午八月十二日記。」

孝經定本

孝經定本

元吴澄 撰

仲尼居，曾子侍。仲尼，孔子字。居，坐也。曾子，孔子弟子，曾氏，名參，字子輿，魯南武城人。子者，曾氏門人稱其師也。卑者在尊者之側，曰侍。子曰：「先王有至德要道以順天下，民用和睦，上下無怨。女知之乎？」女，音汝，下同。〇〔一〕子，孔子也。孔門諸弟子稱師曰「子」，諸弟子之門人稱其師，則著氏以別之。此經曾氏門人所記，稱其師既冠以氏，故於其師之師得專稱「子」。先王，謂古先聖王。

〔一〕此處間隔四庫本爲空格，續四庫本爲〇，今從續四庫本。下同。

至，極也。德者，得也。要，總會也。道，猶路也。德謂己所得，道謂人所共由。蓋〔一〕己之所得人之所共由者，其理曰仁、義、禮、智，而仁兼統之。仁之發爲愛，而愛先於親，故孝爲德之至、道之要也。孝者，其心有順而無逆。以孝教天下，使皆化而爲順，故曰「以順天下」。民，謂庶人。上，謂天子在諸侯之上，諸侯在卿大夫之上，卿大夫在士之上；下，謂士在卿大夫之下，卿大夫在諸侯之下，諸侯在天子之下也。孝，順德順道也，以順德順道順天下者，天子也。順達於庶人，則其内之兄弟、夫婦，外之比〔二〕閭、族黨，靡有乖爭。順達於諸侯、卿大夫、士，則爲下者順事其上，而上無怨於下；爲上者順使其下，而下無怨於上。天地之間一順充塞，九族既睦，百姓昭明，黎民於變時雍，人人親其親、長其長而天下平，唐、虞、成周之盛也。曾子避席，曰：「參不敏，何足以知之？」席，坐席也。曾子侍師而坐，師有問，故起，避正〔三〕席而立。敏，速也。不敏，猶言遲鈍，此辭讓而對也。子曰：「夫孝，德之本也，教之所由生也。夫，音扶，下同。○本，木之根，榦枝所由以生也。孝爲至德，故己之德，此爲本。孝爲要道，故教人之道，由此而生。復坐，吾語女。語，去聲。○復，還也。夫子之言未竟〔四〕，又將更端而語之，以曾子避席起立，故命之還坐而聽也。

〔一〕蓋，續四庫本作「葢」。下同。
〔二〕比，續四庫本作「业」。
〔三〕正，續四庫本作「坐」。
〔四〕竟，續四庫本作「竟」。

身體髮膚，受之父母，不敢毀傷，孝之始也；立身行道，揚名於後世，以顯父母，孝之終也。身，總言其大體，分言其細。髮，毛髮。膚，皮膚。毀，謂虧辱。傷，謂破損。孝者愛親，而身者親之枝，故愛親必自愛身始。以身之百體有髮有膚，一皆父母所與也。立，樹立也，揚，傳播也。身存之時，所行者道，使吾身之名傳播於没世之後，而父母之名亦因以顯，此爲能立其身也。孝之始終皆在此身，蓋人子之身即父母之身，始則保其身以全所有，終則成其身以彰所自，可謂孝矣。夫孝，始於事親，中於事君，終於立身。事親者，不敢毀傷，其大也，左右就〔一〕養等事在其中矣。事君者，推愛親之心以愛君也。立身者，行道揚名之謂也。○前言「至德要道」，蓋言在上者之孝而通乎下，「夫孝」以下二句結前意也；後言「孝之始終」，蓋言在下者之孝而通乎上，「夫孝」以下三句結後意也。愛親者，不敢惡於人；敬親者，不敢慢於人。愛敬盡於事親，而德教加於百姓，刑於四海，蓋天子之孝也。惡，烏路反。下同。○親，謂父母。不敢惡者，愛之也。人，謂他人。自王宫、王族以至臣庶，皆是不敢慢者，敬之也。己所得人所效，曰德教。加，被及也。百姓，以國言。刑，儀法也。四海，以天下言。天子之事親，在爲世子時。及爲天子，則宗廟之祭，事死如生，事亡如存，此愛敬其親也。夫愛親者，於人無不愛；敬親者，於人無不敬。推

〔一〕就，續四庫本作「親」。

此一心，由親及疏，以天子之貴而不敢惡慢於人，則平日能盡愛敬於事親，可知矣。有諸内必形諸外，近而國中，遠而天下，皆視效之，而無不愛敬其親焉。是其德教被及於百姓，儀法於四海也。在上不驕，高而不危；制節謹度，滿而不溢。高而不危，所以長守貴也；滿而不溢，所以長守富也。富貴不離其身，然後能保其社稷而和其民人，蓋諸侯之孝也。離，力智反。○驕，矜肆也。危，謂勢將隕墜。制，以刀裁物也。節如竹節〔二〕，度如尺度，有分限也。溢，如水之溢出。保，謂不亡失。社，土神。稷，穀神。凡封建列〔三〕國爲立社稷之壇壝，其君主而祭之。和，謂不乖離。民，謂農及工商。人，謂士及府史胥徒。社稷、民人，皆諸侯所受於天子以爲國者也。位不期驕，禄不期侈。諸侯貴爲一國之主，其位之崇，如自高臨下，處之者易以危；富有一國之財，其禄之豐，如水滿器中，持之者易以溢。在臣民之上能不自驕，則雖高不危，謂不以陵傲召禍而致卑替，所以長守其貴也；制財用之節能謹侯度，則雖滿不溢，謂不以僭侈費財而致虚耗，所以長守其富也。位不卑替，財不虚耗，然後能長有其國，使社稷不至於失亡，而民人不至於乖離也。諸侯，謂五等國君。公九命，侯、伯七命，子、男五命。非先王之法服不敢服，非先王之法言不敢道，非先王之德行不敢行。是故非法不言，非道不行；口無擇言，身無擇行；言滿天

〔二〕竹節，四庫本原作「竹」，據續四庫本增「節」。
〔三〕列，續四庫本作「侯」。

下無口過，行滿天下無怨惡。三者備矣，然後能守其宗廟，蓋卿大夫之孝也。」德行、擇行、行滿，並下孟反。○服合禮制，曰法服。天子冕十有二旒。虞制：日、月、星、辰、山龍、華蟲，六章會於衣；宗彝、藻、火、粉米、黼、黻，六章繡於裳。周制：登龍於山，登火於宗彝，公自袞冕以下如王之服，其冕九旒，衣會龍、山、華蟲、火、宗彝五章，裳繡藻、粉米、黼、黻四章。侯、伯自鷩冕以下如公之服，其冕七旒，衣會華蟲、火、宗彝三章，裳與公同。子、男自毳冕以下如侯、伯之服，其冕五旒，衣會宗彝、藻、粉米三章，裳繡黼、黻二章。孤自絺冕以下如子、男之服，其冕三旒，衣會粉米一章，裳與子、男同。卿大夫自玄冕以下如孤之服，其冕無旒，衣無章，裳繡黻，六冕服，並以絲爲之，玄衣，纁裳。士則弁而不冕，衣裳皆無章。卿大夫於六冕服得服其一，爵弁服、皮弁服、玄冠服三等，與士同。凡服上得兼下，下不得僭上。服，服之也。言爲世，則曰法言。道，言之也。率德而行，曰德行。「非法不言」，「法」即上文所謂「法言」。「非道不行」，「道」即上文所謂「德行」。口過，謂言不合法，出口有差。怨惡，謂行不合道，召怨取惡。所言皆法言，則口無可揀擇之言，雖「言滿天下」，在己亦無口過；所行皆德行，則身無可揀擇之行，雖「行滿天下」，在人亦無怨惡。卿大夫立朝則接對賓客，出聘則將命他邦，故言行滿天下。三者，服、言、行也。人之相與，先觀容飾，次交言辭，後考德行。孟子言：「服堯之服，誦堯之言，行堯之行。」意與此同。首服、次言、次行者，蓋先輕而後重。是故以下申言言、行而不及服者，蓋詳重而略輕，下文又以「三者備矣」總結之也。祭法「卿大夫立三廟」。宗字門中有示，廟之名也。寢之前，屋有東西廂者，曰廟。卿大夫，謂王朝侯國之臣。

王之卿六命，大夫四命；公、侯、伯之卿三命，大夫再命；子、男之卿再命，大夫一命。資於事父以事母，而愛同；資於事父以事君，而敬同。故母取其愛，而君取其敬，兼之者父也。故以孝事君則忠，以敬事長則順。忠順不失以事其上，然後能保其爵位而守其祭祀，蓋士之孝也。長，貞丈反。○資，取也。取事父之道以事母，則愛同於父；取事父之道以事君，則敬同於父。蓋愛心生於所親，敬心生於所尊，母之親與父同，君之尊與父同，故一取其愛，一取其敬。惟父，親尊並至，則愛敬兼隆也。士之位卑，在上有天子、諸侯爲之君，有卿大夫爲之長，皆己所當事者。孝即愛也，母至親也，故愛同於父。君則非如父與母之親也，然亦當以愛父、愛母之孝而愛之。君，至尊也，故敬同於父。長則非如父與君之尊也，然亦當以敬父、敬君之敬而敬之。愛君爲忠，敬長爲順。忠謂盡心無隱，順謂循理無違。上，謂君與長在己之上也。禄，所食之俸。位，所居之官。士有田禄，則得祭祀其先，故庶人薦而不祭。士無田則亦不祭，其禄位與祭祀相關。士謂王朝、侯國之小臣，及卿大夫之家臣。王之上士三命，中士再命，下士一命。公、侯、伯之士一命，子、男之士不命。用天之道，分地之利，謹身節用，以養父母，此庶人之孝也。養，羊尚反。○道，謂四時之行。因天之生長收藏而耕耘斂穫，各順其時，用天道也。利，謂五土之宜。因地之沃衍隰皐，而稻粱黍稷各隨所宜，分地利也。生財有道而又慎謹其身，不爲非僻，不犯刑戮，用財有節，量入爲出，以給父母之衣食，俾無闕供也。庶人，謂王畿國都家邑之長〔二〕。故自天子至於庶人，孝無終始，而患不及者，未之有也。」孝之終，謂立身；孝之始，謂事親。孝無終始，謂不能事親、立身也。患，禍難也。不能事親、立身，則禍難必及之，甚則天子不能保其天下，諸侯不能保其國，卿大夫不能保其家，士、庶人不能保其身也。

右經一章。凡四百二字。朱子曰：「此夫子、曾〔三〕子問答之言，而曾氏門人之所記也。疑所謂孝經者，其本文止如此。其下則或者雜引傳記以釋經文，迺孝經之傳也。竊嘗考之，傳文固多傅會，而經文亦不免有離析增加之失。顧自漢以來，諸儒傳誦，莫覺其非。至或以爲孔子之所自著，則又可笑之尤者。蓋經之首統論孝之終始，中迺敷陳天子、諸侯、卿大夫、士、庶人之孝，而其末結之曰：『故自天子至於庶人，孝無終始，而患不及者，未之有也。』其首尾相應，次第相承，文勢聯屬，脈絡貫通，同是一時之言。而後人妄分以爲六、七章，又增『子曰』及詩、書之文，以雜乎其間，使其文意分斷間隔。故今定此六、七章者合爲一章，而删去引書、引詩及『子曰』字，以復經文之舊。其傳文之失，又别論之如左。」澄謂以上經文，朱子合其離析，去其增加，以復於舊，既得之矣。然細味之，則與大學經文純是聖言者頗覺不侔。「終於立身」下敷陳五孝，語辭體

〔二〕 長，續四庫本作「民」。
〔三〕 曾，四庫本原作「魯」，據續四庫本改。

段各異，似非同出一時。諸侯、卿大夫、士三節尤爲繁複，疑亦有掇取他書附會其間者。但自末周、先秦時已有之，蓋如二記、三傳所載聖言，雖皆出於七十子之後，而所傳所聞不無失實、失當者爾。

古文「居」上有「間」字。案〔二〕：許慎説文所引古文無。「侍」下有「坐」字。案：居即坐也，與上句義重。禮小戴記云：「仲尼燕居，子張、子貢、子防侍。」「孔子間居，子夏侍。」大戴記云：「孔子間居，曾子侍。」並無「坐」字。此經與彼所記，當爲一例。「先王」上有「參」字，「德之本」「教之所由生」「蓋天子之孝」「所以長守貴」「所以長守富」「蓋諸侯之孝」「蓋卿大夫之孝」「蓋士之孝」「此庶人之孝」，九句之末並無「也」字。「祿位」作「爵祿」，「分地」作「因地」，「故自天子」下有「已下」字，依大學經文例，亦不應有。凡此，疑皆僞稱得古文者妄增減改易，以異於今文，故今所定悉從今文。

子曰：「昔者明王事父孝，故事天明；事母孝，故事地察；此言孝之推也。王者事父母於宗廟而孝，故事天地於郊社亦明察也。蓋事天如事父，事地如事母，能事父母，則知所以事天地矣。明察，謂於其禮、其義能精審也。長幼順，故上下治。長，貞丈反。○此言悌之推也。悌於家而長幼之序順，故自國至天下皆興悌，而上下之分不亂也。故雖天子必有尊也，言有父也；必有先也，言有兄也。申上文「長幼順」之義。謂雖天子之貴，亦必有長。所當尊者，諸父；所當先者，諸兄也。父兄皆祖考之胤，孝

〔二〕案，續四庫本作「按」。下同。

於祖考，則悌於父兄矣。禮，國君燕族人與父兄，齒，天子之禮未聞。**宗廟致敬，不忘親也；修身慎行，恐辱先也。**行，下孟反。○申上文「事父孝」「事母孝」之義。致，推之至極也。謂天子宗廟之祭，極盡其敬者，不忘其親也。謂之親者，視如生存也。此事親之孝。平居修身，謹慎所行者，恐辱其先也。謂之先者，念所本始也。此立身之孝。祭時知所以事親，而平日不知所以立身，亦未得爲孝也。**宗廟致敬，鬼神著矣。天地明察，神明彰矣。**致敬於宗廟，則父母之鬼神著矣。著，猶祭義「致慤則著」之「著」，如見所祭也。明察於郊社，則天地之神明彰矣。彰，謂微之顯，「洋洋乎，如在其上，如在其左右」也。人鬼而曰神者，言雖屈而伸也；天地之神而曰明者，言雖幽而顯也。惟祭者極其誠敬，故如此。**孝弟之至，通於神明，光於四海，無所不通。**弟，亦作悌，後並同。○通，謂感格而無隔〔一〕礙。光，謂變化而有光輝。由宗廟事父母之孝，充之以事天地而神明彰，此孝之至而「通於神明」也；由一家長幼順之悌，充之以治國平天下而上下治，此悌之至而「光於四海，無所不通」也。**詩云：「自西自東，自南自北，無思不服。」**詩大雅文王有聲之篇，引之以證「無所不通」之義。思，語辭。

右傳之首章。凡百九字，釋「先王有至德要道」。由一念而感神明，至德也；由一家而達四海，要道

〔一〕隔，四庫本原作「格」，據續四庫本改。

也。朱子曰：「此有格言焉。」○舊本今文次第十一章後，古文次第五章後，朱子謂當次第十章後、第十一章前。今詳此章，文理精深，正釋「至德要道」之義。其曰「昔者明王」云者，釋經文「先王」字也，當爲傳之首章。「天地明察，神明彰矣」八字錯簡，在「故雖天子」之上。今詳「故」字，承上起下，申説上文「長幼順」之義，而「宗廟致敬」廼申説章首「事父孝」「事母孝」之義，「天地明察」則因章首「事天明」「事地察」而言。「著矣」「彰矣」二句，文法協比，不應間隔。下文「通於神明」，又承「神明彰矣」一句而言，如此辭意方屬[一]。

子曰：「昔者明王之以孝治天下也，不敢遺小國之臣，而況於公侯伯子男乎？故得萬國之懽心，以事其先王。以孝治天下，謂天子能孝於先王，而推其愛敬於一家、一國，以及天下之萬國也。遺，謂忘之而不省録。小國之臣，謂子、男之卿大夫。子、男五十里爲小國，伯七十里爲次國，公、侯百里爲大國。公、侯、伯、子、男五等，國君也。萬國，通五等君臣而言。小國之臣且不遺，則其君之爲子、男，與夫大[二]於子、男而爲公、侯、伯者，有以得其懽心可知矣。如是，廼所以事其先王也。蓋能孝於先王，然後

[一] 方屬，續四庫本脱此二字。
[二] 夫大，續四庫本作「大夫」。

能推之以及天下，而得萬國之懽心。否，則是其〔二〕所以事先王者，有未至也。天子無生親可事，故以事其先王爲孝。**治國者不敢侮於鰥寡，而況於士民乎？故得百姓之懽心，以事其先君。**治國，以孝治其國也。謂諸侯能孝於先君，而推其愛敬於一家，以及一國之百姓也。侮，謂忽之而不矜恤。鰥，老而無妻；寡，老而無夫，民之窮者。士則民之秀也，百姓通士、民、鰥、寡而言。窮民且不侮，則凡衆民，與夫秀於民而爲士者，有以得其懽心可知矣。如是，廼所以事其先君也。蓋能孝於先君，然後能推之以及一國，而得百姓之懽心。否，則是其所以事先君者，有未至也。諸侯亦無生親可事，故以事其先君爲孝。或曰：「子謂天子、諸侯無生親可事，獨無母存者乎？」曰：「聖人立言，舉尊以包卑，故上章及此章，與中庸論武王、周公，皆以宗廟事死之孝而言。若有母存，則事生之孝，固在其中矣。」**治家者不敢失於臣妾，而況於妻子乎？故得人之懽心，以事其親。**治家，以孝治其家也。謂卿大夫能孝於親，而推其愛敬於一家之人也。失，謂不得其心。臣妾，家之賤者。妻子，家之貴者。人通妻子、臣妾而言。於臣不失，則子可知；於妾不失，則妻可知。如是，廼所以事其親也。蓋能孝於父母，然後能推之於一家之人，而得其懽心。否，則是其所以事親者，有未至也。**夫然，故生則親安之，祭則鬼享之，是以天下和平，災害不生，禍亂不作，故明**

〔二〕其，四庫本原作「則」，據續四庫本改。

王之以孝治天下也如此。夫，音扶。○親安，指事親者而言。鬼享，指事先君、先王者而言。享、饗通，謂歆享〔一〕其祭也。舉天下，則國家在其中。和平，謂各得懽心，而無有乖戾偏頗也。天災之甚者爲害，人禍之甚者爲亂。由鬼享而上達，則天道順而無災害；由親安而下達，則人道順而無禍亂。此以孝治天下之極功也。

詩云：『有覺德行，四國順之。』行，下孟反。○詩大雅抑之篇。覺，大也。大德行，即謂「至德要道」。四國順之，謂東西南北四方之國，皆興於孝而爲順也。

右傳之二章。凡百四十二字，釋「以順天下，民用和睦，上下無怨」。以孝治者，順天下也；得懽心者，和睦無怨也。朱子曰：「此言雖善，而非經文正意。蓋經以孝而和，此以和而孝。」澄謂此傳正是發明經中「以孝而和」之旨〔二〕。所謂以事先王、以事先君、以事親者，言己有是孝，愛敬一念，由親及疏，由尊及卑，上下兩間，同乎一順。故家國天下無一不得其懽心，未有不得於親而能得於人者。孝子之效驗至此，廼所以見其事先、事親之孝云爾，非謂先得他人之懽心，而後以之事其先、事其親也。舊注以爲得彼懽心，以助祭享、助奉養，蓋害於辭而失其意，朱子亦牽於舊注之説故云。○舊本次第四章後，古文「不敢失」作「不敢侮」，「如此」上無上「也」字。

〔一〕 享，續四庫本作「饗」。
〔二〕 旨，續四庫本作「意」。

曾子曰：「敢問聖人之德，無以加於孝乎？」子曰：「天地之性人爲貴。人之行莫大於孝，行，下孟反。○性者，人、物所得以生之理。行者，人之所行也。人、物均得天地之氣以爲質，均得天地之理以爲性。然物得氣之偏，而其質塞，是以不能全其性；人得氣之正，而其質通，是以能全其性而與天地一。故得天地之性者，人獨爲貴，物莫能同也。性之仁義禮智統於仁，仁之爲愛先於親，故人率性而行其行，莫大於孝也。孝莫大於嚴父，嚴父莫大於配天，則周公其人也。昔者周公郊祀后稷以配天，宗祀文王於明堂以配上帝，是以四海之内各以其職來祭。夫聖人之德，又何以加於孝乎！」夫，音扶。○此又因孝之大，而推言之嚴尊也。謂孝固大矣，然孝之事不一，而莫大於尊其父。尊其父之事亦不一，而莫大於天子之禮，祀其父以配天。然得遂此心、盡此禮者，惟周公而已，故曰周公其人。蓋自武王有天下之後，周公始制此禮，以尊其父文王也。郊者，國門之外。宗者，文王之廟。天子七廟：祖廟一，昭廟三，穆廟三。祖廟百世不毀，昭穆六世後親盡，則祧其有功德當，不祧者謂之宗。武王、成王時，文王居穆之第三廟。康王、昭王時，文王居穆之第二廟。穆王、共王時，文王居穆之第一廟。懿王時，文王親盡，在三穆之外，以其不當祧也，故以〔二〕穆廟北，別立一廟，以祀文王，是名爲宗，不在七〔三〕廟之數。穆王以前，

〔二〕以，續四庫本作「扵」。
〔三〕七，續四庫本作「文」。

文王雖未别立廟，遞居三穆廟中，然即其所居之廟亦名爲宗，蓋初祔廟時，已定爲百世不祧之宗故也。明堂者，廟之前堂。凡廟之制，後爲室，室則幽暗；前爲堂，堂則顯明，故曰明堂享人。鬼尚幽暗，則於室祀；天神尚顯明，故於堂也。上帝即天也，祀之於郊，則尊之而曰天；祀之於堂，則親之而曰帝。冬至，於國門外之南郊，築壇爲圜丘祀天，而以始祖后稷配。季秋，於文王廟之前堂祀帝，而以文王配。后稷封於邰，周家有國之始；文王三分天下有其二，周家有天下之始，故以后稷配天、文王配帝也。此禮一定，而周公之父，世世得配天帝，此周公所以獨能遂其嚴父之心也。然亦因其功德，禮所宜然，非私意也。四海之内，謂四方諸侯。其職，謂土物之貢。來祭，來助祭也。玉山汪氏嘗疑，嚴父配天之文非孔子語。陵陽李氏曰：「此言周公制禮之事爾。猶中庸言周公成文、武之德，追王太〔一〕王、王季也。周公制禮，成王行之。自周公言則嚴父，成王則嚴祖也。謂嚴父，則明堂之配，當一世一易矣，豈其然乎？」司馬公曰：「周公制禮，文王適其父，故曰嚴父。非謂凡有天下者，皆當以父配天。孝子之心，誰不欲尊其父？禮不敢逾也。祖己曰：『祀，無豐於昵。』孔子論孝，亦曰『祭之以禮』。漢以高祖配天，光武配明堂。文、景、明、章，德業非不美，然不敢推以配天。近世明堂皆以父配，此乃誤識孝經之意，違先王之禮〔二〕，不可以爲法也。」

〔一〕太，續四庫本作「大」。

〔二〕禮，四庫本原作「法」，據續四庫本改。

右傳之三章。凡九十六字，釋「德之本」。朱子曰：「此因論武王、周公之事而贊美其孝之辭，非謂凡爲孝者皆欲如此也。况孝之所以爲大，自有親切處，而非此之謂乎？若必如此而後爲孝，則是使爲人臣子者皆有今將之心，而反陷於大不孝矣。讀者不以文害意焉可也。」○舊本今文連第七章爲一章。朱子從古文，離爲二章。古文「無以加於孝」上有「其」字，「來」下有「助」字。

曾子曰：「甚哉！孝之大也。」子曰：「夫孝，天之經也，地之義也，民之行也。天地之經，而民是則之。夫，音扶。行，下孟反。○經，如布帛在機之直縷，條理一定者也。義，裁制得宜者也。則，效法也。蓋孝者，天地之理，民效法而行之。既分言天經地義，又總言天地之經，則義在其中矣。則天之明，因地之義，以順天下，是以其教不肅而成，其政不嚴而治。」上文言民以天地之理而爲行，此言聖人以天地之理而爲教也。明理之顯著者，即所謂經也。因，遵依也。教者，化誨而使之效。政者，勸進〔一〕而使之正也。肅，言其聲容。嚴，言其法令。信從其教之謂成，服從其政之謂治。

右傳之四章。凡六十字，釋「教之所由生」。朱子曰：「春秋左氏傳載子太叔爲趙簡子道子産之言，曰：『夫禮，天之經，地之義，民之行也。天地之經，而民實則之。則天之明，因地之性。』其下陳天明、地

〔一〕進，續四庫本作「禁」。

性之目，與其所以則之、因之之實。然後簡子贊之曰：『甚哉！禮之大也。』此易『禮』字爲『孝』字，而文勢不若彼之通貫，條目不若彼之完備。明此襲彼，非彼取此也。」〇舊本次經後，朱子次第六章後。古文「經」「義」「行」下無「也」字。「因地之義」，今文「義」作「利」，此一字定從古文。章末舊有六十九字，朱子删去。

子曰：「君子之教以孝也，非家至而日見之也。教以孝，所以敬天下之爲人父者也；教以弟，所以敬天下之爲人兄者也；教以臣，所以敬天下之爲人君者也。以孝教天下之人者，不待各至其家，日見其人而諭之，但上所行，下自效之耳。孝施於兄則爲弟〔一〕，施於君則爲臣，同一順德也。上之人躬行孝、弟、臣以教，則天下之人無不效之，而各敬其父、兄與君。是上之人自敬其父、兄、君者，所以敬天下之爲人父、爲人兄、爲人君者也。邢氏曰：「案祭義『祀明堂所以教孝，食三老五更所以教弟，朝覲所以教臣』，祭帝稱臣，亦以身率下也。」詩云：『豈弟君子，民之父母。』非至德，其孰能順民如此其大者乎？」豈，苦在反。弟，待禮反。〇詩大雅泂酌之篇。豈，樂也。弟，易也。躬行孝、弟、臣之德者，樂易之君子也。人皆效之，而各敬其父、兄與君，是足以爲民之父母。非有孝之至德，其何能達此一

〔一〕弟，續四庫本作「悌」。下同。

順之德於天下之大乎？

右傳之五章。凡八十三字，申釋「至德」「以順天下」。〇舊本次第六章後，朱子以次經後。古文「父者」「兄者」「君者」下無「也」字。

子曰：「教民親愛，莫善於孝；教民禮順，莫善於弟；移風易俗，莫善於樂；安上治民，莫善於禮。君教以孝，則民知有親而愛其父；君教以弟，則民知有禮而順其兄。風者，上之化所及。俗者，下之習所成。移，謂遷就其善。易，謂變去其惡。安，謂不危。治，謂不亂。由父子之和，而被之聲容以爲樂，則氣體調暢，而無有乖戾，所以風隨上而遷，俗自下而變也；由長幼之序，而著之節文以爲禮，則名分森嚴，而無有陵犯，所以爲上者不危，爲民者不亂也。禮者，敬而已矣。故敬其父則子悦，敬其兄則弟悦，敬其君則臣悦，敬一人而千萬人悦。所敬者寡而悦者衆，此之謂要道也。」又承上文「禮」字而言。禮之實，不過敬而已。居上者，自敬其父、兄、君，則下之爲人子、爲人弟、爲人臣者效之，各皆懽悦以事其父、兄、君矣。夫上之自敬其父、兄、君也，所敬者不過一人，若是其寡也；下效之而和悦於其父、兄、君者，廼至千萬人焉，若是其衆也。此所以爲道之要。悦者，深愛和氣、愉色婉容之謂。上所教者，言敬而不言愛，下所效者，言愛而不言敬，互文以見也。

右傳之六章。凡八十一字，申釋「要道」「民用和睦，上下無怨」。〇舊本次第八章後。古文「要道」

下無「也」字。

子曰：「父子之道天性也，君臣之義也。父慈子孝，迺天性之本然。父尊子卑，又有君臣之義，亦天分之自然也。朱子曰：「『君臣之義』之下，當有脱簡，不能知其爲何字也。」父母生之，續莫大焉；君親臨之，厚莫重焉。人子之身，氣始於父，形成於母。其體連續，是爲至親，無有大於此者。家人有嚴君焉，父母之謂也。既爲我之親，又爲我之君而臨乎上，其分隆厚，是爲至尊，無有重於此者。故親生之膝下，以養父母日嚴。聖人因嚴以教敬，因親以教愛。養，羊尚反。○親生之而在膝下，一體而分，戀慕相親，自有愛心。及孩幼漸長，奉養父母，日益尊嚴，自有敬心，聖人因其固有而教之耳。故不愛其親而愛他人者，謂之悖德；不敬其親而敬他人者，謂之悖禮。聖人之教不肅而成，其政不嚴而治，其所因者本也。」悖，薄對反。○愛敬之心，皆由親而推以及人。不愛敬其親，而以愛人爲德、敬人爲禮，則悖矣。悖，逆也。由本及末爲順，舍本趨末爲逆。

右傳之七章。凡百一字，申釋「德之本」「教之所由生」。朱子曰：「此皆格言。」○舊本古文次第三章後，今文無章首。「子曰」字而連第三章爲一章，「故親生」至「以教愛」二十四字在「聖人之教」上，而上屬第三章「何以加於孝乎」之下。「聖人之教」至「本也」二十字在「以教愛」下，而下屬章首「父子之道」之上。朱子姑從古文分在第三章，而謂其文不屬，以今文連此章者爲是。澄案：此兩節合在此章，但文失其次。漢藝文志引此云：「『父母生之，續莫大焉』『故親生之膝下』，諸家説不安。」蓋當時編簡猶未錯亂，今考而正之，則文屬而意完矣。古文「之道」「之義」下無「也」字，「不愛其親」上無「故」字，有「子曰」字而别爲一章。章末舊有九十二字，朱子删去。

子曰：「孝子之事親也，居則致其敬，養則致其樂，病則致其憂，喪則致其哀，祭則致其嚴。五者備矣，然後能事親。養，羊尚反。下同。樂，音洛。喪，平聲。○居，謂父母閒居無事之時。養，謂進飲食時。居、養、病皆事生，喪、祭皆事死。敬、樂、憂、哀、嚴，各於其時，務盡其極也。事親者居上不驕，爲下不亂，在醜不爭。居上而驕則亡，爲下而亂則刑，在醜而爭則兵。三者不除，雖日用三牲之養，猶爲不孝也。」醜，衆也，謂〔一〕與己同等者也。兵，謂相刃。三牲，牛、羊、豕也。事親者，以身不毀傷爲孝。居人之上而矜肆以陵下，則必取滅亡；爲人之下而悖逆以犯上，則必遭刑戮；在同等之中而與之鬭爭，則必相戕殺。三者皆喪身之事。苟或不除，則親之遺體將不能保，雖日具盛饌以養親之口體，何足以爲孝哉〔二〕？子曰：「五刑之屬三千，而罪莫大於不孝。五刑：墨、劓、剕、宫、大辟也。墨之屬千，劓之屬千，剕之屬五百，宫之屬三百，大辟之屬二百，總之爲三千。刑施於有罪者，

〔一〕謂，四庫本原作「爲」，據續四庫本改。
〔二〕孝哉，四庫本原作「孝」，據續四庫本增「哉」。

然三千條之中，不孝之罪最大。朱子曰：「此因上文『不孝』之云而繫於此。」要君者無上，非聖人者無法，非孝者無親，此大亂之道也。」要，一遙反。○要君，謂脅束之使從己。非聖人、非孝，謂人之所行非聖人之道，子之所行非孝道也。君制命於上，臣恭順於下，要君從己，是不知有上也。聖人言行爲萬世法，不學聖人，是不知有法也。父母至親，不善事之，是不知有親也。無此三者，人道滅矣，故曰「大亂之道」。此因上文而言不孝於親者，必不能事君、立身。不能事君故無上，不能立身故無法，不能事親故無親。項氏曰：「『非』字與前經『非先王』之『非』同。」

右傳之八章。凡百二十八字，釋「始於事親」，末又兼及「事君」「立身」以起下章。朱子曰：「此亦格言也。」○舊本「子曰五刑」以下別爲一章，今案：此廼再引夫子之言以足前意，當合爲一章。古文「孝子之事親」下無「也」字，「三者不除」上有「此」字。

子曰：「君子之事上也，進思盡忠，退思補過，將順其美，匡救其惡，故上下能相親也。進，謂自私家而適公所。退，謂自公所而歸私家。盡忠，謂事有當陳者，罄竭其心。補過，謂責有未塞者，彌縫其闕。將，謂助之於後。順，謂導之於前。匡，謂正之於微。救，謂止之於顯。其，指君而言。下以忠事上，上以義接下，故相親。朱子曰：「『進思盡忠，退思補過』，左傳所載士貞子語。」澄案：宣公十二年，晉荀林父爲楚所敗，歸而請死。士貞子諫曰：「林父之事君，進思盡忠，退思補過，其敗也如日月之食。」

於是晉侯使復其位。補過，謂自補其過，非謂補君之過。邢氏曰：「韋注云：『退歸私室，則思補其身過。』國語：『士朝而受業，晝而講貫，夕而習復，夜而計過。』」詩云：『心乎愛矣，遐不謂矣。中心藏之，何日忘之。』」詩小雅隰桑之篇。遐，何通。言心乎愛君，何不形於言乎？雖不言而藏之中心，何日而忘之？蓋言之於口者，其愛淺；藏之於心者，其愛深也。

右傳之九章。凡四十九字，釋「中於事君」。○舊本今文次首章後，古文次第十一章後。而下並屬第十二章之前，朱子謂次當在此。古文「君子」下無「之」字，「事上」「相親」下無「也」字。

子曰：「君子之事親孝，故忠可移於君；事兄弟，故順可移於長；居家理，故治可移於官。是以行成於內，而名立於後世矣。」行，下孟反。○孝親、弟兄、理家，始於事親之事也；忠君、順長、治官，中於事君之事也。行，即行此三者。成，謂完備也，必可移而後謂之成。身存而行成，故身没而名立。内對外言，後對今言。蓋行成於內，則名立於外；名立於後，由行成於今也。

右傳之十章。凡四十五字，釋「終於立身」。第八章釋「事親」，而章末兼及「事君」「立身」。此釋「立身」，而章首先舉「事親」「事君」，以見始、中、終相貫之義。○舊本今文次第五章後，古文次首章後。而下有閨門一章，今删去，説見後。

曾子曰：「若夫慈愛恭敬，安親揚名，則聞命矣。夫，音扶。○孝者曰愛、曰敬而已，愛施於下爲慈，敬見於外爲恭。生而安親者，孝之始；死而揚名者，孝之終。敢問子從父之令可謂孝乎？」子曰：「是何言與！是何言與！與，平聲。○孝子於親，有從順而無違逆。然親有過而亦從順，則陷親於不義矣，故必下氣怡色柔聲〔一〕以諫。諫若不入，起敬起孝，悦則復諫。三諫不聽〔二〕，則號泣而隨之，庶可以感悟其親也。昔者天子有爭〔三〕臣七人，雖無道不失其天下；諸侯有爭臣五人，雖無道不失其國；大夫有爭臣三人，雖無道不失其家。爭，去聲，亦作諍。下同。○爭，謂諫止其非，若有爭然。馮氏曰：「天子七，諸侯五，大夫三，如書言九德、六德、三德，特以降殺等差言爾。」真氏曰：「無道而不失天下國家者，蓋於失道必爭之。雖失而旋復，所以免於危亡也。」士有爭友，則身不離於令名；離，力智反。○司馬公曰：「士無臣，故以友爭。」父有爭子，則身不陷於不義。此通庶人而言。故當不義，則子不可以不爭於父，臣不可以不爭於君。故當不義則爭之，從父之令又焉得爲孝乎？」焉，於虔反。

右傳之十一章。凡百四十三字，廣經中五孝之義，言天子、諸侯、卿大夫、士、庶人，皆當有過則諫，

〔一〕怡色柔聲，四庫本原作「怡聲柔色」，據續四庫本改。
〔二〕三諫不聽，四庫本原作「不聽」，據續四庫本增「三諫」。
〔三〕爭，續四庫本作「爭」。下同。

非徒從順而已。朱子曰：「此不解經而別發一義。」古文「則聞命矣」，「則」作「參」，「敢問」下無「子」字。

子曰：「孝子之喪親也，喪，平聲。書云：「百姓如喪考妣。」禮記檀弓云：「夫子之喪顔淵，若喪子而無服。喪子路亦然。請喪夫子，若喪父而無服。」「子之先君子喪出母乎？」「子夏喪其子，曾子曰：『喪爾親，使民未有聞焉。』」曾子問云：「喪慈母如母。」禮與孟子云：「養生喪死無憾。」並平聲讀。哭不偯，禮無容，言不文，服美不安，聞樂不樂，食旨不甘，此哀慼之情也。偯，於豈反。不樂，音洛。○偯，聲春容而有餘也。禮記閒傳云：「大功之喪，三曲而偯。」此父母之喪，哀痛之極，故其哭〔一〕也氣竭而息，無復餘聲。舉措進退之禮，不修飾爲容儀。有事直致其言，不治擇成文辭。身服美衣不以爲安，故服惡哀〔二〕。耳聞樂聲不以爲樂，故不聽樂。旨，味之美也。口食美味不以爲甘，故不飲酒食肉。此六者，皆孝子哀慼之眞情自然而然。三日而食，教民無以死傷生也。親死水漿不入口，三日廼食粥。蓋過三日則死，此教民無以親之死而傷子之生也。毁不滅性，此聖人之政也。喪雖哀，毁不可殞滅其性而死，必爲之節。

〔一〕哭，四庫本原作「痛」，據續四庫本改。
〔二〕哀，四庫本原作「衰」，據續四庫本改。

故居喪之禮，不沐浴，不酒肉，然頭有瘡〔二〕則沐身，有瘍〔三〕則浴，有疾則飲酒食肉。年五十者不致毁，六十者不毁。凡此皆聖人之政，爲民制禮節哀而全其生也。喪不過三年，示民有終也。孝子之於親，有終天之痛，視三年之久，猶駟之過隙，哀豈能忘哉。然遂其情則無有窮已。故喪制，父母之喪至重，亦不過三年者，示民以有終竟之時也。爲之棺椁衣衾而舉之，尸之外衣，衣之外衾，以襲以斂；衾之外棺，棺之外椁，以斂以殯。舉，謂舉尸加其上，納其中也。陳其簠簋而哀慼之，此言朝夕、朔望之奠。簠〔三〕，盛稻粱器，外方内圓。簋，陳〔四〕黍稷器，外圓内方。案士喪禮：朝夕奠，脯醢而已，盛以籩豆；朔月殷奠，始有黍稷，盛以瓦敦。卿大夫祭禮，少牢饋食，亦止用敦盛黍稷以公食，大夫禮推之。竊意，天子、諸侯之殷奠，廼備黍稷稻粱，而器用簠簋。此傳所云，蓋舉上而言之也。擗踊哭泣，哀以送之。擗，婢亦反。○擗，以手擊胸也。踊，以足頓地也。哭者口有聲，泣者目有淚。此謂柩行之時，送形而往，哀其不返也。卜其宅兆而安厝之，卜，灼龜以視吉凶也。宅，墓穴也。兆，塋域〔五〕也。厝，猶置也。將置柩於其處，必乘生氣，無地風、

〔二〕瘡，續四庫本作「創」。
〔三〕瘍，續四庫本作「蕩」。
〔三〕簠，四庫本原作「簠簋」，據續四庫本删「簋」。
〔四〕陳，續四庫本作「盛」。
〔五〕塋域，續四庫本作「荣城」。

水泉、沙礫、樹根、螻蟻之屬，及他日不爲城郭、溝池、道路，然後安。卜者，決之於神也，不卜則擇之以人。葬書備言其術之理，可稽焉。中州土厚水深，不擇猶可，偏方土薄水淺，凡地不皆可葬。苟非其地，尸柩之朽腐敗壞至速，與舉而委之於壑同，孝子之心忍乎？先擇後卜尤爲謹重。所謂謀及廼心，謀及士民，而後謀及卜筮也。案士喪禮：筮宅卜日。大夫以上，則葬日與宅兆皆用龜卜，或亦用筮。此云卜，蓋通言之。**爲之宗廟以鬼享之。**初喪至葬，有奠無祭，蓋猶以人禮事之。既葬，迎精而反，廼以虞祭易奠，卒哭而祔於祖。喪畢而遷於廟，始純以鬼禮事之。享者，祭祀人鬼之名。**春秋祭祀，以時思之。**既除喪，每歲四時，感時之變思親，不忘報本反始，事之如其生存。言春秋則包四時矣。**生事愛敬，死事哀慼，生民之本盡矣，死生之義備矣，**親生，則事之以愛敬；親死，則事之以哀慼。生死皆致其孝，然後足以盡生民之本，備死生之義。民之生也，心之德爲仁，仁之發爲愛。愛親，本也；及人，末也。故孝爲生民之本。義者，宜也。生而愛敬，死而哀慼，理所宜然，故曰死生之義。**孝子之事親終矣。」**此句總結上文[一]，言喪親之孝廼孝子事親之終事。

右傳之十二章。凡百四十三字，廣經末終始之義。經所謂終，指立[二]身而言。此傳言喪親爲事親之終，

[一] 上文，續四庫本作「此章」。
[二] 立，續四庫本作「本」。

朱子曰：「此亦不解經而别發一義，其語尤精約也。」〇古文「喪親」「之情」「傷生」「之政」「有終」五句之末，並無「也」字，「傷生」下，今文亦無「也」字。考之禮記喪服四制篇有「也」字，爲是。

孝經章句曩因朱子刊誤校定，子文受讀，歷觀唐注、宋疏及諸家解，其説雖詳，其義亦有未明暢者，廼輯此訓釋，授之諄切卑瑣，蓋取蒙穉易曉而已。吴澄識。

刊誤。經傳正文之中，已悉除去朱子所塗之字。今並劉炫所增一章，别録於後，而備論之。

大雅云：「無念爾祖，聿修厥德。」凡十一字，古文同，在經文「終於立身」下。甫刑云：「一人有慶，兆民賴之。」凡十一字，古文同，在經文「蓋天子之孝也」下。詩云：「戰戰兢兢，如臨深淵，如履薄冰。」凡十四字，古文同，在經文「蓋諸侯之孝也」下。詩云：「夙夜匪懈，以事一人。」凡十字，古文同，在經文「蓋卿大夫之孝也」下。詩云：「夙興夜寐，無忝爾所生。」凡十一字，古文同，在經文「蓋士之孝也」下。已上引書一，引詩四，朱子删去，説見前。

先王見教之可以化民也，是故先之以博愛而民莫遺其親，陳之以德義而民興行，先之以敬讓而民不爭，導之以禮樂而民和睦，示之以好惡而民知禁。詩云：「赫赫師尹，民具爾瞻。」凡六十九字，古文同，在傳四章「其政不嚴而治」下。朱子曰：「『先王見教之可以化民』，與上文不屬，溫公改『教』爲『孝』，廼得粗通。而下之〔一〕所謂『德義』『敬讓』『禮樂』『好惡』者，却不相應，疑亦裂取他書之成文，而强加裝綴以爲孔子、曾子之問答，但未見其所出耳。文既可疑，而謂聖人見孝可以化民而後以身先之，於理又已悖矣。況『先之以博愛』亦非立愛惟親之序，若之何而能使民不遺其親邪？其所引詩亦不親切，今並删去。」

以順則逆，民無則焉。不在於善而皆在於凶德，雖得之，君子不貴也。君子則不然，言思可道，行思可樂，德義可尊，作事可法，容止可觀，進退可度，以臨其民。是以其民畏而愛之，則而象之，故能成其德教而行其政令。詩云：「淑人君子，其儀不忒。」凡九十二字，古文「不在於善」下無「而」字，「不貴也」作「所不貴」，「政令」上無「其」字，餘並同。凡九十字在傳七章「謂之悖禮」下。

案春秋左氏傳：文公十八年，季文子曰：「以訓則昏，民無則焉，不度於善而皆在於凶德，是以去之。」襄公三十一年，衛北宮文子曰：「君有君之威儀，其臣畏而愛之，則而象之。」又曰：「君子在位可畏，施舍可愛，進退可度，周旋可則，容止可觀，作事可法，德行可象，聲氣可樂，動作有文，言語有章，以臨其下。」朱子曰：「此雜取左傳所載季文子、北宮文子之言，與上文既不相應，而彼此得失又如前所論子產之語。今

〔一〕之，續四庫本作「文」。

删去。」

子曰：「閨門之内，具禮矣乎。嚴父，嚴兄，妻子臣妾猶百姓徒役也。」凡二十四字，今文無，古文在傳十章之後，十一章之前。

朱子曰：「因上章三『可移』而言。嚴父，孝也；嚴兄，弟也；臣妾，官也。」邢氏正義説已見前。今詳此章淺陋，不惟不類聖言，亦不類漢儒語，是後儒僞作，明甚。而朱子不致疑者，蓋因溫公信之而未暇深考耳。況十一章之首，作傳者承十章之末而發問，若有此章，則文義間隔，故特據正義之説黜之。

孝經句解

晦菴〔一〕先生所定古文孝經句解

元朱申 注

仲尼閒居，孔子，名丘，字仲尼。閒居，謂閒暇居處之時。曾子侍坐。曾子，孔子弟子，名參，字子輿。侍孔子坐。子曰：孔子言曰。「參，呼曾子之名而語之。先王有至德要道孝者，德之至，道之要也。言先代聖王有此至德要道。以順天下，孝者，人心自然之理，故先王用此德此道以順天下人心。民用和睦，天下之民用此至德要道，皆相和睦。上下無怨。上之爲人君，下之爲臣民，皆相無怨。女知之乎？汝曾參知此至德要道乎？」曾子避席，曾子敬孔子之問，避席而起。曰：答孔子言。「參不敏，

〔一〕菴，續四庫本作「庵」。下同。

曾子自稱其名，言參性不敏達。何足以知之？何足以知此至德要道也。」子曰：孔子再告之曰。「夫孝，夫孝順父母之道。德之本，人之行莫大於孝，故爲德之本。教之所由生。教化從此而生。復坐，命曾子還席而坐。吾語女〔二〕。我將以孝之道告汝。身體髮膚，人之一身四體與毛髮及皮膚。受之父母，皆是父母所生。不敢毀傷，父母全而生之，子當全而歸之，不敢有所毀傷。孝之始也；此爲孝道之始。立身行道，自立其身，行此孝道。揚名於後世，播揚名聲於其後世。以顯父母，足以光顯父母之美。孝之終也。此爲孝道之終。夫孝，總而言之。始於事親，始於孝以事親。中於事君，中則移其忠以事君。終於立身。忠孝兩全迺能揚名顯親，故終於立身也。大雅云：詩大雅文王篇有云。『無念爾祖，無念，念也。當常念其先祖。聿修厥德。聿，述也，謂述修先祖之德。』」○凡添者皆是後人增加之文，晦菴之所删去，後皆倣此。○閒，閑。參，森。女，汝，下同。夫，扶。髮，發。膚，夫。聿，以律。〔三〕

右今文以爲「開宗明義」章。

子曰：「愛親者，不敢惡於人；天子愛其父母者，必能推此心以愛百姓，不敢惡也。敬親者，

〔二〕女，孝經刊誤原作「汝」。

〔三〕孝經句解中的注音格式使用大字與小字區分被注音字與注音文字，大字與經文字號大小同，特此說明，下同。

不敢慢於人。天子敬其父母者，必能推此心以敬百姓，不敢慢也。愛敬盡於事親，愛敬之心盡於事父母之時。而德教加於百姓，則德教加被於百姓，皆不敢慢惡其親也。刑於四海，四海之内，皆視之以爲法則也。蓋天子之孝。上文所云，廼是天子之孝。甫刑云：周書呂刑篇有云。『一人有慶，天子有善。兆民賴之。』十萬爲億，十億爲兆。謂天子行孝，兆民皆賴其善也。○惡，去聲。刑，形同。

右今文以爲「天子」章。

在上不驕，諸侯貴在人上，而不驕縱。高而不危；則其位雖尊高，而不至於危險。制節謹度，諸侯裁制其節約，謹守其法度。滿而不溢。則其勢雖盛滿，而不至於泛溢。高而不危，惟其高而不危。所以長守貴；則可以長保其爲君之貴。滿而不溢，惟其滿而不溢。所以長守富。則可以長保其一國之富。富貴不離其身，富與貴常在其一身。然後能保其社稷然後可以長爲社稷之主而祭其神。而和其民人，而人心亦自和平也。蓋諸侯之孝。上文所云，廼是諸侯之孝。詩云：詩小雅小旻篇。『戰戰兢兢，戰戰，恐懼貌。兢兢，戒謹貌。如臨深淵，如臨至深之淵而將墜也。如履薄冰。如履至薄之冰而將陷也。』○溢，逸。離，去聲。兢，矜。

右今文以爲「諸侯」章。

非先王之法服不敢服，不是先王法度之服，則卿大夫不敢服。非先王之法言不敢道，道，言也。不是先王法度之言，則卿大夫不敢言。非先王之德行不敢行。不是先王道德之行，則卿大夫不敢行。是故非法不言，所以卿大夫非法度則不言。非道不行；非道德則不行。口無擇言，言皆法度，故口無可擇之言。身無擇行；行皆道德，故身無可擇之行。言滿天下無口過，法度之言，雖滿天下而無失言之過。行滿天下無怨惡。道德之行，雖滿天下而無怨惡之者。三者備矣，卿大夫能備全服、言、行三者之善。然後能守其宗廟，然後可以長保祖宗之廟而爲祭主。蓋卿大夫之孝也。上文所云廼是卿大夫之孝。詩云：詩大雅烝民篇有云。『夙夜匪懈，自早至夜，無有懈怠。以事一人。以奉事其君也。』○德行，去聲，下「擇行」「行滿」並同。惡，去聲。懈，居賣。

右今文以爲「卿大夫」章。

資於事父以事母，資，取也。取於事父之道，推之以事其母。而愛同；愛其母如愛其父也。資於事父以事君，取於事父之道，推之以事其君。而敬同。敬其君如敬其父。故母取其愛，事母之道取其能愛。而君取其敬，事君之道取其能敬。兼之者父也。事父之道則兼愛與敬也。故以孝事君則忠，移事父之孝以事君，則爲忠矣。以敬事長則順。移事兄之敬以事其長，則爲順矣。忠順不失盡忠順而無失。以事其上，用之以事君長。然後能保其爵禄然後可以保其官爵與其俸禄。而守其祭祀，而長守其祖先之祭祀。蓋士之孝也。上文所云廼是爲士之孝。詩云：詩小雅小宛篇。『夙興夜寐，早而起，夜而卧。無忝爾所生。無辱其所生父母也。』」○長，上聲。夙，宿。寐，密二。忝，他點。

右今文以爲「士」章。

子曰：「用天之道，謂春生、夏長、秋斂、冬藏，各順天之時。因地之利，因地勢之高下，以辨種植之宜。謹身節用，謹修其身己，節約其用度。以養父母，以奉養其父母。此庶人之孝也。上文所云廼是庶人之孝。故自天子已下，至於庶人，上自天子、諸侯、卿大夫、士以下，至於庶人。孝無終始，而患不及者，貴賤雖殊，孝道則一，而謂有始無終而以不及爲患者。未之有也。天下必無此理。」○養，去聲。

右古文爲二章，今文爲「庶人」章。

晦菴先生曰：「此一節，夫子、曾子問答之言，而曾氏門人所記也。疑所謂孝經者，其本文止如此，其下則或者雜引傳記以釋經文，廼孝經之傳也。竊嘗考之，傳文固多傳會，而經文亦不免有離析增加之失。顧自漢以來，諸儒傳誦，莫覺其非。至或以爲孔子之所自著，則又可笑之尤者。蓋經之首統論孝之終始，中迺敷陳天子、諸侯、卿大夫、士、庶人之孝，而其末結之曰：『故自天子已下，至於庶人，孝無終始，而患不及者，未之有也。』其首尾相應，次第相承，文勢連屬，脈絡貫通，同是一時之言，無可疑者。而後人妄分以爲六、七章，今文作六章，古文作七章。又增『子曰』，及引詩、書之文以雜乎其間，使其文意分斷間隔，而讀書者有不復得見聖言全體大義，爲害不細。故今定此六、七章者合爲一章，而删去『子曰』者二，引書者一，引詩者四，凡六十一字，以復經文之舊。其傳文之失，又别論之如左方。」〔二〕○傳，附。析，錫。傳，平聲。屬，燭。絡，洛。閒，去聲。復，扶又。删，師干。去，去聲。

曾子曰：「甚哉！孝之大也。」曾子言甚矣，孝道之大也。子曰：「夫孝，孔子答言夫孝之爲道。天之經，在天爲經常之理。地之義，在地爲利物之義。民之行。在民爲百行之首。天地之經，天有常明，地有常利。而民是則之。人法則於天地，以孝爲常行也。則天之明，聖人法天明以爲常。因

〔二〕孝經句解中凡朱子的説明文字使用與經文相同的字號，而以非頂格的方式書寫以示與經文相區分。特此説明，下同。

地之義，因地利以行義。以順天下，順此以施政教於天下。是以其教不肅而成，所以聖人之教不待整肅而自成。其政不嚴而治。聖人之教不待嚴厲而自治。先王見教之可以化民也，先王見得孝之爲教可以化民。是故先之以博愛而民莫遺其親，所以先推愛親之心以博愛其民，而民無有遺其親者。陳之以德義而民興行，陳説德義之美，而民皆興起於所行。先之以敬讓而民不爭，先以恭敬遜讓率民，而民無有相爭鬭者。導之以禮樂而民和睦，導，引也。導民以禮而防其僞，導民以樂而防其情，而民自然和睦。示之以好惡而民知禁。示之以好使民趨之，示之以惡使民避之，則民知有禁令不敢犯也。詩云：詩小雅節南山篇有云。「赫赫師尹，言尹氏爲太師，其位赫赫然盛明也。民具爾瞻。民皆以師尹爲觀瞻也。」○行，去聲。治，去聲。惡，烏路。赫，許格。

右今文爲「三才」章。

晦菴先生曰：「此以下皆傳文。而此一節蓋釋『以順天下』之意，當爲傳之三章，而今失其次矣。但自其章首以至『因地之義』，皆是春秋左氏傳所載子太叔爲趙簡子道子産之言，唯易『禮』字爲『孝』字，而文勢反不若彼之通貫，條目反不若彼之完備。明此襲彼，非彼取此，無疑也。子産曰：「夫禮，天之經也，地之義也，〔一〕民之行也。天地之經，民實則之。則天之明，因地之性。」其下便陳天明、地性之目，與其所以則之、因之之實。然後簡子贊之曰：「甚哉！禮之大也。」首尾通貫，節目詳備，與此不同。其曰『聖人〔二〕見教之可以化民』，又與上文不相屬，故不相應，疑亦裂取他書之成文，而强加粧〔三〕綴以爲孔子、曾子之問答，但未見其所出耳。然其前段，文雖非是，而理猶可通，存之無害。至於後段，則文既可疑，而謂聖人見孝之可以化民而後以身先之，於理又已悖矣。況『先之以博愛』亦非立愛惟親之序，若之何而能使民不遺其親邪？其所引詩亦不親切。今定『先王見教』以下凡六十七字並删去。」○溫公改『教』爲『孝』，廼得粗通。而下文所謂『德義』『敬讓』『禮樂』『好惡』者，却爲，去聲。襲，習。粗，祚。强，去聲。

子曰：「昔者明王之以孝治天下也，古者明德之王，其以孝道治天下也。不敢遺小國之臣，雖小國之臣猶不敢遺棄之。而況於公侯伯子男乎？何況公、侯、伯、子、男，廼五等之諸侯，而敢遺棄

〔一〕天之經也地之義也，孝經刊誤原無兩「也」字。
〔二〕聖人，孝經刊誤原作「先王」。
〔三〕粧，孝經刊誤原作「裝」。

之乎？故得萬國之懽心，所以能得萬國諸侯懽悦之心。以事其先王。諸侯各以其職來助祭於先王。治國者不敢侮於鰥寡，老而無妻曰鰥，老而無夫曰寡。古者諸侯以孝道治一國也，雖鰥寡猶不敢侮慢之。而況於士民乎？何況其國之士與民，而敢侮慢之乎？故得百姓之懽心，所以能得一國百姓懽悦之心。以事其先君。百姓皆恭事以助祭於先君。治家者不敢侮於臣妾，臣，家臣也。妾，女僕也。古者卿大夫以孝道治一家也，雖臣妾之賤猶不敢侮慢之。而況於妻子乎？何況其家之妻與子，而敢侮慢之乎？故得人之懽心，所以能得其家人懽悦之心。以事其親。家人皆相助奉養其親也。夫然，故總結上文三節之意。生則親安之，天子、諸侯、卿大夫皆得懽心，則父母生而安其榮養。祭則鬼享之，父母死而爲鬼，則享其祭祀。是以天下和平，所以天下人心和睦以致太平。灾害不生，灾害謂饑饉疾疫之類，天下和則灾害無由而生。禍亂不作，禍亂，謂兵戈盜賊之類。天下平則禍亂無由而作。故明王之以孝治天下如此。明王以孝道治天下，其效有如上文所云。詩云：詩大雅抑之篇有云。『有覺德行，覺，大也。天子有大德行。四國順之。』則四方之國順而行之。』」○鰥，古頑。妾，十接。行，去聲。

右今文以爲「孝治」章。

晦菴先生曰：「此一節釋『民用和睦，上下無怨』之意，爲傳之四章。其言雖善，而亦非經文之正意。蓋經以孝而和，此以和而孝也。引詩亦無甚失，且其下文語已更端，無所隔礙，故今得且仍舊耳。後不言合删改者放此。」○更，庚。礙，牛代。

曾子曰：「敢問聖人之德，其無以加於孝乎？」曾子問，聖人之德教，更有大於孝否？子曰：「天地之性人爲貴。孔子答云，人、物皆稟天地之理以爲性，人獨得其秀而爲萬物之靈。人之行莫大於孝，人之百行以孝爲本。孝莫大於嚴父，孝行之大莫過尊嚴其父。嚴父莫大於配天，嚴父之道，莫大於以父配享於天。則周公其人也。以父配天之禮始於周公。昔者周公郊祀后稷以配天，后稷，周之始祖也。昔者周公攝政，因行郊天之祭，以始祖配享之。宗祀文王於明堂以配上帝，文王，周公之父也。明堂，天子布政之宫也。周公因祀上帝於明堂，迺尊其父以配享之。此周公嚴父以配天也。是以四海之内各以其職來助祭。君行嚴父之禮，則德教刑於四海，諸侯各修其職而來助祭也。夫聖人之德，又何以加於孝乎？然則聖人之德教，豈更有大於孝者乎？故親生之膝下，膝下，謂孩幼在父母膝下時。言人子愛親之心生於孩幼也。以養父母日嚴。及年長時，漸識義方則日加尊嚴，能敬養於父母也。聖人因嚴以教敬，聖人因人嚴敬父母之心，而教之以推廣其敬。因親以教愛。因人親愛父母之心，而教之以推廣其愛。聖人之教不肅而成，故聖人之教不待整肅而自成。其政不嚴而治，聖人之政不待嚴厲而自治。其所因者本也。蓋由政教之所因者本於孝也。」○行，去聲。養，去聲。治，去聲。晦菴先生曰：「此一節釋『孝，德之本』之意，傳之五章也。但嚴父配天，本因論武王、周公之事而贊美其孝之詞，非謂凡爲孝者皆欲如此也。又况孝之所以爲大者，本自有親切處，而非此之謂乎？若必如此而後爲孝，則是使爲人臣子者皆有今將之心，而反陷於大不孝矣。作傳者但見其論孝之大，即以附此，而不知非所以爲天下之通訓。讀者詳之，不以文害意焉可也。其曰『故親生之膝下』以下，意却親切，但與上文不屬，而與下章相近，故今文連下二章爲一章。但下章之首語已更端，意已重複，不當通爲一章。此語當依古文，且附上章，或自别爲一章可也。」○處，去聲。

子曰：「父子之道孔子言，父子之爲道。天性，迺是人所稟於天之常性。君臣之義。父有君之義，子有臣之義。父母生之，父母之生子也。續莫大焉；傳體相續，人倫莫大於此。君親臨之，父爲君以臨於己。厚莫重焉。恩義之厚莫重於此。」子故〔二〕曰：「不愛其親而愛他人者，謂之悖德；

〔二〕故，孝經刊誤原無此字。

言當推愛親之心以愛人。苟不愛其親而愛他人，則是悖逆於德也。不敬其親而敬佗[一]人者，謂之悖禮。言當推敬親之心以敬人。苟不敬其親而敬他人，則是悖逆於禮也。以順則逆，人君教愛、教敬，當由親而及人，然後爲順，今迺逆而施之。民無則焉。則民將何所取法也？不在於善此身不在於愛親、敬親之善。而皆在於凶德，而皆在於悖德、悖禮之凶德。雖得之，雖得志於人上。君子所不貴。非君子之所貴。君子則不然，君子所貴者，則不悖德禮也。言斯可道，道，言也。思可道而後言，則人必信。行斯可樂，思可樂而後行，則人必悦。德義可尊，立德行義，不違正道，故可尊也。作事可法，制事修業，動得物宜，故可法也。容止可觀，容止威儀必合規矩，則可觀也。進退可度，進退動靜不越禮法，則可度也。以臨其民。人君行此六者，以臨下民。是以其民畏而愛之，所以其民畏君之威，愛君之德。則而象之，皆以君爲法則而倣象之。故能成其德教所以德教無不成者。而行其政令。政令無不行者。詩云：詩曹國風鳲鳩篇有云。『淑人君子，善人君子。其儀不忒。其威儀不差忒，爲人所法則也。』」○佗，他。行，去聲。忒，他得。

右今文以爲「聖治」章。

[一] 佗，孝經刊誤原作「他」。

晦菴先生曰：「此一節釋『教之所由生』之意，傳之六章也。古文首章有『子曰』字，而今文無之。古文析『不愛其親』以下冠之以『子曰』而別爲一章，今文則通上兩章爲一章，無『子曰』而有『故』字。〔二〕今詳此章之首，語實更端，當以古文爲正。『不愛其親』語意正與上文相續，當以今文爲正。至『君臣之義』之下，則又當有斷簡焉，而今不能知其爲何字也。『悖禮』以上皆格言，但『以順則逆』以下，則又雜取左傳所載季文子、北宮文子之言，與此上文既不相應，而彼此得失又如前章所論子産之語，今删去凡九十二字。季文子曰：『以訓則昏，民無則焉，不度於善而皆在於凶德，是以去之。』北宮文子曰，『君子在位可畏，施舍可愛，進退可度，周旋可則，容止可觀，作事可法』云云，以臨其民。」

子曰：「孝子之事親，孔子言孝子事父母之道。居則致其敬，平居則盡其恭敬。養則致其樂，奉養則盡其懽樂。病則致其憂，父母疾病則盡其憂慮。喪則致其哀，父母死喪則盡其哀慼。祭則致其嚴。歲時祭祀則盡其嚴肅。五者備矣，敬、樂、憂、哀、嚴五者皆全備。然後能事親。然後能盡事親之道。事親者人子之事親者。居上不驕，居人之上不可驕縱。爲下不亂，爲人之下不可悖亂。在醜不

〔二〕自「古文首章」至「而有故字」，與孝經刊誤原文出入較大。

爭。醜，類也。處於儔類不可鬭爭。居上而驕則亡，居上而驕則致滅亡。爲下而亂則刑，爲下而亂則被刑戮。在醜而爭則兵。在醜而爭則起兵戈。此三者不除，驕、亂、爭三者，有一不除去。雖日用三牲之養，雖日日以牛、羊、豕三牲奉養其親。猶爲不孝也。猶不足爲孝也。」○養，漾，下同。樂，洛。醜，齒九。

右今文爲「紀孝行」章。

晦菴先生曰：「此一節釋『始於事親』及『不敢毀傷』之意，迺傳之七章，亦格言也。」

子曰：「五刑之屬三千，屬，猶條也。墨罰之屬千，劓罰之屬千，剕罰之屬五百，宮罰之屬三百，大辟之罰其屬二百，五刑之條共有三千。而罪莫大於不孝。罪之大者莫過不孝。要君者無上，君者臣之所稟命，而敢要索之，是無上也。非聖人者無法，聖人制作禮法，而敢非毀之，是無法也。非孝者無親，善事父母爲孝，而敢非毀之，是無親也。此大亂之道也。言有人有此三罪，非止不孝，迺是大亂之道。」

○要，平聲。

右今文以爲「五刑」章。

晦菴先生曰：「此一節因上文『不孝』之云而繫於此，迺傳之八章，亦格言也。」

子曰：「教民親愛，莫善於孝；孔子言孝於父母，迺親愛之本，故教民親愛，莫加於孝也。教民禮順，莫善於弟；弟於兄長，迺禮順之本，故教民禮順，莫加於弟也。移風易俗，莫善於樂；樂所以在治忽而和民聲，故移風易俗，莫加於樂也。安上治民，莫善於禮。禮所以辨上下、定民志，故安上治民，莫加於禮也。禮者，敬而已矣。禮有本有文，而敬爲禮之本。故敬其父則子悦，敬重人之父，則其子懽悦。敬其兄則弟悦，敬重人之兄，則其弟懽悦。敬其君則臣悦，敬重人之君，則其臣懽悦。敬一人而千萬人悦。敬重天子，則天下人懽悦。所敬者寡謂敬父、敬兄、敬君、敬一人，所敬者甚寡也。而悦者衆，謂子悦、弟悦、臣悦、千萬人悦，所悦甚衆者也。此之謂要道。上文所云迺先王之要道。」○弟，悌。

右今文以爲「廣要道」章。

晦菴先生曰：「此一節釋『要道』之意，當爲傳之二章。但經所謂『要道』，當自己而推之，與此亦不同也。」

子曰：「君子之教以孝也，孔子言君子之教人以孝道者。非家至而日見之也。言不必家到戶至，日見而語之。教以孝，君子教人以孝。所以敬天下之爲人父者；所以使天下之人皆敬重於其父。教以弟〔二〕，君子以弟教人。所以敬天下之爲人兄者；所以使天下之人皆敬重於其兄。教以臣，君子教人以爲臣之道。所以敬天下之爲人君者。所以使天下之人皆敬重於其君。詩云：詩大雅泂酌篇有云。『愷悌君子，愷，樂也。悌，易也。言人君以樂易之道化人。民之父母。則可以爲斯民之父母也。』非至德，其孰能順民如此其大者乎？釋詩之義，謂設非先王之至德，安能以順天下有如此之大者。」

右今文以爲「廣至德」章。

晦菴先生曰：「此一節釋『至德』『以順天下』之意，當爲傳之首章。然所論『至德』，語意亦疏，如上章之失云。」

子曰：「昔者明王事父孝，孔子言古者明德之王能孝於事父。故事天明；父，天道也。故事父孝則明於事天之道矣。事母孝，明王能孝於事母。故事地察；母，地道也。故事母孝則察於事地之道矣。長幼順，明王能順長幼之序。故上下治。長有上之道，幼有下之道，故長幼順而上下治也。天地明察，事天明，事地察。神明彰矣。則天地神明之理甚彰著矣。故雖天子必有尊也，雖以天子之貴，猶有尊於

〔二〕弟，孝經刊誤原作「悌」。

天子者。言有父也；謂天子有伯、叔、父，廼尊於天子者也。必有先也，雖以天子之貴，猶有先於天子者。言有兄也。謂天子有諸兄，廼先於天子者也。宗廟致敬，致其誠敬以事祖宗之廟。不忘親也；不敢忘祖宗之親也。修身謹〔一〕行，修持其身，謹慎其行。恐辱親〔二〕也。恐耻辱先祖而毀盛業也。宗廟致敬，能致敬於宗廟。鬼神著矣。則宗廟鬼神之理甚彰著矣。孝弟之至，孝弟之道，極其所至。通於神明。幽則可以役也，此即治可移於官也。」○閨，圭。

右今文無此一節。〔三〕

晦菴先生曰：「此一章因上章三『可移』而言，傳之十二章也。嚴父，孝也；嚴兄，弟也；妻子臣妾，官也。或云：宜爲十章。」○弟，悌。

曾子曰：「若夫慈愛恭敬，曾子問，若夫慈愛以事其親，恭敬以事其長。安親揚名，安父母之心，揚後世之名。參聞命矣。曾子稱名，謂上文所云已聞教訓之命矣。敢問從父之令可謂孝乎？又問父有命令無不順從，若此者可以爲孝乎。」子曰：「是何言與！孔子答云，此是何等言語與。言不得爲孝

〔一〕謹，孝經刊誤原作「慎」。
〔二〕親，孝經刊誤原作「先」。
〔三〕無此一節當指「閨門」章，下文「上章三可移」亦不可見。疑此處脱兩節內容，具體可參考孝經刊誤原文。

也。是何言與！理所不可，故再言之。言之不通也。〔一〕其言不達於理。昔者天子有爭臣七人，言古者天子置諫爭之臣七人。雖無道則雖天子無道。不失其天下；賴有爭臣諫之，故不亡其天下。諸侯有爭臣五人，古者諸侯置諫爭之臣五人。雖無道則雖諸侯無道。不失其國；賴有爭臣以諫之，故不亡其國。大夫有爭臣三人，古者大夫置諫爭之臣三人。雖無道則雖大夫無道。不失其家。賴有爭臣以諫之，故不亡其家。士有爭友，爲士者有諫爭之朋友。則身不離於令名；則此身不失其令善之名。父有爭子，爲父者有諫爭之子。則身不陷於不義。則此身不至陷没於不義。故當不義，則子不可以弗爭於父，當其父有不義，則爲子者不可不諫其父。臣不可以弗爭於君。當其君有不義，則爲臣者不可不諫其君。故當不義則爭之，人子當其父有不義，則當速諫爭之。從父之令焉〔二〕得爲孝乎？豈有從父之命令，而陷父於不義，而可以爲孝乎。」○夫，扶。與，余。爭，諍，下同。離，去聲。焉，於虔。

右今文以爲「諫爭」章。

晦菴先生曰：「此章不解經而别發一義，宜爲傳之十三章。」

〔一〕言之不通也，孝經刊誤原無此文。
〔二〕孝經刊誤「焉」字前原有「又」字。

子曰：「君子事上，孔子言君子之事其君。進思盡忠，進而見君則思盡忠節。退思補過，退而在家則思補其過。將順其美，將，行也。君有美善，則順而行之。匡救其惡，匡，正也。救，止也。君有過惡，則正而止之。故上下能相親。如此則君臣同德，故能相親。詩云〔一〕：詩小雅隰桑之篇云。『心乎愛矣，人臣之心，存乎愛君。遐不謂矣。遐，遠也。雖離君左右，而心不謂遠也。中心藏之，愛君之念，藏於中心。何日忘之。何日而能忘也。』」

右今文以爲「事君」章。

晦菴先生曰：「此一節釋『中於事君』之意，當爲傳之九章，或云宜爲十一章。因上章『爭臣』而誤屬於此耳。『進思盡忠，退思補過』，亦左傳所載士貞子語。然於文理無害，引詩亦足以發明移孝事君之意，今並存之。」

子曰：「孝子之喪親，孔子言，孝子父母死而居其喪也。哭不偯，偯，哭餘聲也。謂氣竭而息，聲不委屈。禮無容，不修飾容貌以爲禮。言不文，不修文辭以爲言。服美不安，不安美飾，故服衰麻。聞樂不樂，悲哀在心，故聞樂而言不爲之樂。食旨不甘，不甘美味，故疏食水飲。此哀慼之情。言上文

〔一〕云，孝經刊誤原作「曰」。

六者，廼是孝子哀慼之真情廼自不能已者。三日而食，親始死三日不食，三日而後廼食粥。教民無以死傷生，此聖人教人不以死者而害生者也。毁不滅性，雖毁瘠其形，而不使滅性而死。此聖人之政。此聖人制爲喪禮之政，不使人至於殞滅也。喪不過三年，父母之喪，無貴無賤，皆不過三年而終。示民有終。使民知有終喪之期，賢者俯而從之，不肖者企而及之也。爲之棺椁衣衾周尸曰棺，周棺曰椁〔一〕。衣，斂也。衾，被也。而舉之，棺、椁、衣、衾既備，廼舉尸於棺也。陳其簠簋圓曰簠，方曰簋，祭器也。而哀慼之，陳奠素器而不見親，故哀慼也。擗踴哭泣，擗，拊心也。踴，足躍也。男踴女擗，哭泣則同。哀以送之。致其哀慼以送葬也。卜其宅兆宅，墓穴也。兆，塋域也。卜其地之吉者。而安措之，既得吉地，廼安葬之。爲之宗廟三年喪畢，廼立廟而附於其祖。以鬼享之。人死曰鬼，故以鬼神之禮而享祀之。春秋祭祀，春雨露既濡，秋霜露既降，皆舉祭祀之禮。以時思之。寒暑變移，展其孝思也。生事愛敬，父母之生，則事之以愛敬。死事哀慼，父母之死，則事之以哀慼。生民之本盡矣，父母者，生民之本，事之之道盡於此矣。生死之義備矣，憂敬者，事生之義；哀慼者，事死之義。備於此矣。孝子之事親終矣。孝子事親之道，至送死而終矣。」○喪，桑。偯，於豈。聞樂，岳。不樂，洛。棺，官。椁，郭。衾，

〔一〕椁，孝經刊誤原作「槨」。下同。

欽。簠，甫。簋，鬼。擗，毗亦。踴，勇。措，醋。

右今文以爲「喪親」章。

晦菴先生曰：「傳之十四章，亦不解經而別發一義，其語尤精妙也。熹舊見衡山胡侍郎論語説，疑孝經引詩非詩本文，後讀之每覺其言之有味，且又覺其所可疑者不但此也。因以書告沙隨程可久丈，程答書曰，頃見玉山汪端明亦以此書多出後人傅會，廼知前輩讀書精審，其論固已及。此而區區進越之罪，亦庶乎可幸免矣。因悉數所疑而記二公之言以爲質云。」一本幸免矣。下云：「因欲剟取他書之言可發此經之旨者，別爲外傳，如冬溫夏清、昏定晨省之類，即附始於事親之傳，顧未敢耳。」〔一〕

後學成德　校訂

巴陵鍾謙鈞　重刊

〔一〕此段與孝經刊誤原文出入較大。